Diego González

AUTOMATIZACIÓN SEGURA

Diego González

AUTOMATIZACIÓN SEGURA

AUTOMATISMOS PARA SEGURIDAD DE MÁQUINAS

Editorial Académica Española

Imprint
Any brand names and product names mentioned in this book are subject to trademark, brand or patent protection and are trademarks or registered trademarks of their respective holders. The use of brand names, product names, common names, trade names, product descriptions etc. even without a particular marking in this work is in no way to be construed to mean that such names may be regarded as unrestricted in respect of trademark and brand protection legislation and could thus be used by anyone.

Cover image: www.ingimage.com

Publisher:
Editorial Académica Española
is a trademark of
International Book Market Service Ltd., member of OmniScriptum Publishing Group
17 Meldrum Street, Beau Bassin 71504, Mauritius
Printed at: see last page
ISBN: 978-620-0-40738-2

CONTENIDO

ÍNDICE DE FIGURAS

<h1 style="text-align:center">ÍNDICE DE TABLAS</h1>

GLOSARIO

C

CPU	Unidad central de proceso
CIM	Manifactura integrada por computadora
CCF	Common Cause Failure Fallo de varios elementos
CIP	Protocolo industrial común (Common Industrial Protocol)
CAT	Control de tecnologías de automatización (Control of Automation Technology)

D

DC	Diagnostic Coverage Cobertura del diagnóstico

F

FS	FailSafe - a prueba de fallos
FB	Bloque de funciones

H

HMI	Interface hombre – máquina (Human machine interface)

L

LVDS	Señal diferencial de bajo voltaje (low-voltage differential signaling)

M

MODICOM	Modular Digital Controler
MTTF	Mean Time To Failure Tiempo medio hasta fallo
MTTFd	Mean Time To dangerous Failure Tiempo medio hasta fallo peligroso
MTBF	Mean Time Between Failure

Tiempo medio entre fallos (MTTF + MTTR)

P

PLC	Controlador lógico programable
PDO	Proceso de objeto de datos (Process data object)
POU	Unidades de Organización del Programa
PL	Nivel de Prestaciones (Performance Level)
PLr	Nivel de Prestaciones requerido (Required Performance Level)

S

ST	Estándar
SIL	Nivel de Integridad de Seguridad
SRP/CS	Safety Related Parts of a Control Systems Parte del sistema de mando que responde a señales de entrada seguras y genera señales de salida seguras
SQL	Lenguaje de consulta estructurada (Structured Query Language)
SCADA	Supervisión, Control y Adquisición de Datos (Supervisory Control And Data Acquisition)

RESUMEN

El entorno industrial actual está enfocado en el uso de nuevas tecnologías con el propósito de generar una producción más eficiente, teniendo en cuenta como pilares fundamentales los procesos automáticos y la seguridad de industrial ya que la gran mayoría de procesos automáticos encierran peligros para la integridad física de las personas y maquinaria.

La Universidad Politécnica de Cataluña sede Terrassa tiene como uno de sus objetivos el continuo mejoramiento de sus laboratorios con el fin de ofrecer a sus estudiantes un entorno acorde al desarrollo de la tecnología.

Uno de sus proyectos ha sido adquirir nuevos Controladores Lógicos Programables para el laboratorio de Robótica y CIM. La Estación 1 del laboratorio será el punto de partida para la migración del nuevo dispositivo de control de la serie NJ1 del fabricante japonés Omron además se han instalado sensores y relés de Seguridad Industrial del fabricante alemán PILZ y un controlador lógico programable capaz de realizar el control secuencial y de seguridad en un mismo dispositivo.

El presente trabajo de fin de máster pretende ilustrar como se lleva a cabo la migración, conexión, programación, comunicación y puesta en marcha de un sistema automático seguro dentro de un entorno de laboratorio universitario.

ABSTRACT

The current industrial environment is focused on the use of new technologies with the purpose of generating a more efficient production, taking into account as fundamental pillars the automatic processes and the industrial safety since the great majority of automatic processes enclose danger for the integrity physics of people and machinery.

The Polytechnic University of Catalonia headquarters Terrassa has as one of its objectives the continuous improvement of its laboratories in order to offer its students an environment in line with the development of technology.

One of his projects has been to acquire new Programmable Logic Controllers for the Robotics Laboratory and CIM. Station 1 of the laboratory will be the starting point for the migration of the new control device of the NJ1 series of the Japanese manufacturer Omron. In addition, sensors and industrial safety relays have been installed by the German manufacturer PILZ and a programmable logic controller capable of performing the control sequential and security in the same device.

The present Master's Thesis aims to illustrate how the migration, connection, programming, communication and implementation of a secure automatic system within a university laboratory environment is carried out.

1. Introducción

El capítulo introductorio pretende dar a conocer los objetivos, alcance, justificación entre otros aspectos relevantes del proyecto he introducir al lector en los temas que se van a desarrollar a medida avanzan los capítulos del presente trabajo de fin de máster para ellos se hará una pequeña descripción de los temas principales en el apartado denominado estado del arte.

1.1. Objetivos Generales:

- Implementar el sistema de seguridad de la Estación 1 del laboratorio de CIM de la Universidad Politécnica de Cataluña sede Terrassa con el uso de dispositivos de control Pilz PNOZ mB0 y PLC PSSu FS SN SD y sensores orientados a la seguridad como barreras fotoeléctricas, puertas con seguridad magnéticas, sensores de muting, lampara de muting y sensores de presencia.

- Migrar el controlador lógico programable Omron C200H por el controlador lógico programable Omron NJ-101-1020 de la Estación 1 del laboratorio de CIM de la Universidad Politécnica de Cataluña sede Terrassa además programar la secuencia lógica de a estación haciendo uso de los lenguajes de programación disponibles en Sysmac Studio: diagrama de relés y texto estructurado.

1.2. Objetivos específicos:

- Realizar el cableado de sensores/actuadores de la Estación 1 con el PLC Omron NJ-101-1020.
- Realizar el cableado de sensores/actuadores y sensores de seguridad de la Estación 1 con el PLC PSSu FS SN SD.
- Realizar el cableado de los sensores de seguridad de la Estación 1 con el Relé PNOZ mB0.
- Programar la secuencia lógica en el controlador lógico programable Omron NJ-101-1020 haciendo uso de los lenguajes de programación disponibles en Sysmac Studio.
- Programar la secuencia lógica y de seguridad en el PLC PSSu FS SN SD haciendo uso de los recursos ST y FS.
- Programar la lógica de seguridad en el Relé Pilz PNOZ mB0 e integrarlo con el control lógico de la Estación 1.

- Diseñar un armario de control para los dispositivos que gobiernan la secuencia lógica y seguridad de la Estación 1.
- Implementar la interfaz hombre-máquina (HMI) de la Estación 1.
- Crear una base de datos em Microsoft SQL Server con el fin de usar el recurso de conexión directa a base de datos del PLC NJ-101-1020.

1.3. Alcance

Implementar el sistema de seguridad de la estación 1 del laboratorio de Robótica y CIM de la Universidad Politécnica de Cataluña sede Terrassa mediante la utilización de recursos ya disponibles en el laboratorio como sensores/ actuadores, sensores de seguridad, relé de seguridad y controladores lógicos programables, partiendo por la migración del PLC Omron C200H al PLC Omron NJ-101-1020 el mismo que será el encargado del control secuencial de la Estación 1, el controlador será programado mediante el Software Sysmac Studio el mismo que dispone de los modos de programación de diagramas de relés y texto estructurado; posteriormente se realizará la programación de la secuencia lógica de seguridad del Relé PNOZ mB0 e integrarlo con el sistema de control del PLC NJ-101-1020, además se propone realizar el control secuencial y de seguridad en un mismo controlador lógico programable para lo cual se hará uso del PLC PSSu FS SN SD, finalmente se creará la interface Hombre - Máquina de la estación 1 y se realizará la conexión directa a una base de datos con el uso de los recursos del PLC NJ-101-1020.

1.4. Justificación

El modelo actual de producción industrial se va desarrollando y evolucionando día a día ya sea en ámbitos de velocidad de producción, logística, seguridad, compromiso con el medio ambiente, uso de nuevas tecnologías entre otros aspectos con el fin de transformar la materia prima en productos elaborados en forma masiva, una forma de cumplir este objetivo es el uso de procesos automáticos mediante máquinas secuenciales o celdas robotizadas lo que conlleva a tomar en cuenta aspectos de seguridad para los seres humanos como para las máquinas del proceso, por lo cual se podría decir que una máquina automática necesariamente debe estar inmerso en un sistema de seguridad ya sea automático con el uso de sensores y controladores especializados en seguridad o implementando sistemas de seguridad físicos como barreras metálicas, señalética u otros elementos que indique y prohíba el acceso a zonas no seguras.

El presente proyecto nace como la necesidad de la Universidad Politécnica de Cataluña sede Terrassa de estar a la vanguardia de la tecnología en el ámbito de controladores lógicos programables enfocados al desarrollo de máquinas automáticas dentro de un proceso de producción además tomando en cuenta los sistemas de seguridad de máquinas como el complemento más idóneo para el desarrollo de un sistema automático seguro, por tanto se ha decidido implementar un sistema automático seguro sobre la Estación 1 del Laboratorio de Robótica y CIM con el objetivo que los estudiantes desarrollen aptitudes y se familiaricen con la estructura y programación de una celda de producción automática segura de manera que puedan contrarrestarlo a un entorno industrial.

1.5. Antecedentes:

Previo al desarrollo del presente proyecto la Estación 1 del laboratorio de Robótica y CIM de la Escuela Politécnica de Cataluña estaba controlado por un PLC C200H el cual es un controlador originario del año de 1988 que fue descontinuado por Omron en el año de 1998 por lo que es catalogado como tecnología antigua u obsoleta la misma que no posee soporte técnico actualmente, en el caso que algún módulo de la estación dejara de funcionar prácticamente toda la estación lo haría, debido a esta problemática y la necesidad de mantener operativa la Estación 1 del laboratorio de Robótica y CIM la Universidad Politécnica de Cataluña a decidió migrar sus PLC´s a la serie NJ1 del fabricante Omron, entre las principales ventajas de esta serie de PLC´s se puede destacar la conectividad entre diferente redes industriales como Ethernet/IP y EtherCAT, mayor velocidad de procesamiento, mayor capacidad de memoria, mayor conexiones de E/S, capacidad de disponer unidades de E/S remotas, acceso directo a base de datos, control de movimiento entre otras características que hacen de la serie NJ1 una excelente alternativa para el control de máquinas secuenciales.

La seguridad se podría considerar como el aspecto más importante dentro de un entorno de producción industrial el cual pretende emular el laboratorio de Robótica y CIM, la Estación 1 se encarga de abastecer de materia prima al proceso productivo, en este caso la materia prima es representada por cilindros de diferentes materiales, colores y tamaños. Los actuadores de la estación están potenciados por energía neumática la misma que dependiendo de los niveles de presión pueden ocasionar lesiones, debido a que la Estación 1 fue concebida con objetivos académicos existe la posibilidad de que el estudiante pueda ingresar al área de trabajo de la estación sin ningún sistema de seguridad que proteja su integridad, por lo cual es necesaria la implementación de un sistema de seguridad de la Estación 1 que garantice un entorno seguro de trabajo al estudiante.

1.6. Estado del arte

El estudio del arte estará enfocado en la evolución de los controladores lógicos programables con el fin de entender la importancia de la migración a tecnologías de última generación, además se abordará el tema de seguridad de máquinas.

1.6.1. Evolución de los Controladores Lógicos Programables (PLC)

Un controlador lógico programable es un dispositivo electrónico programable enfocado al monitoreo y control el tiempo real de procesos secuenciales en un entorno industrial.

Los PLC nacen como la necesidad de sustituir los sistemas electromecánicos de control formados por relés y contactores, en el año de 1968 que General Motors propone un concurso para eliminar el sistema de cableado de relés, la propuesta ganadora fue de Bedford Associates quienes crearon el primer PLC nombrado 084 que posteriormente tomaría el nombre de MODICOM, no fue hasta el año de 1974 que Allen Branley patentan el termino PLC con estos antecedentes para la década de los años 80' empieza la revolución industrial donde uno de los mayores logros es el origen las redes de comunicaciones industriales donde se hace el intento de estandarizar el protocolo MAP(Manufacturing Automation Protocol) propietario General Motor lo cual genera un ámbito de competitividad entre empresas enfocadas al desarrollo de PLC por lo cual empiezan a generar tecnologías propietarias como protocolos de comunicaciones lo cual pretende crear una especie de monopolio sobre los sistemas automáticos, para la época los PLC muestran un gran avance en aspectos como reducción de las dimensiones, la programación es simbólica por medio de computadoras personales, velocidad de respuesta, mayor capacidad de E/S, desarrollo de módulos de control PID, servo controladores, control Fuzzy e inteligente. Para los años 90' hay una reducción gradual entorno al número de protocolos entre los cuales se destacan DeviceNet, ControlNet, ProfiNet, ProfiBUS, Ehernet/IP, Modbus, otro aspecto a ser tomado en cuenta fue el intento de estandarizar los lenguajes de programación por medio de la norma IEC 1131-3 entre estos lenguajes se encuentran programación por diagrama de bloques, lista de instrucciones, texto estructurado y diagrama de contactos, los cuales son usados de acuerdo al fabricante del PLC.

En la actualidad los avances más relevantes de los PLC's se destaca en que son sistemas modulares con acceso directo a base de datos, módulos de entradas y salidas remotas comunicados mediante redes industriales, mayor capacidad de memoria, mayor velocidad de procesamiento y comunicación, compatibilidad de comunicación entre distintos protocolos, Control Motion, PLC de seguridad entre otras dependiendo de la aplicación, lo que hace de los PLC de actualidad una herramienta indispensable en el nuevo modelo de producción denominado Industrial 4.0.

1.6.2. Seguridad de Máquinas

El diseño y construcción de una máquina segura tiene como objetivo minimizar los riesgos inevitables hasta un nivel tolerable, es importante evaluar, evitar o limitar de ser el caso los posibles riesgos. La evaluación de riesgo permite optimizar paso a paso la máquina en cuanto a la seguridad y además servirá como una guía para pruebas en caso de que la máquina se dañase, la norma que explica la evaluación de riesgos es la EN ISO 12100.

Como fundamentos del diseño mecánico seguro de máquinas el Anexo I de la Directiva de Máquinas especifica 5 pasos para un diseño seguro acorde a la norma EN 1050.

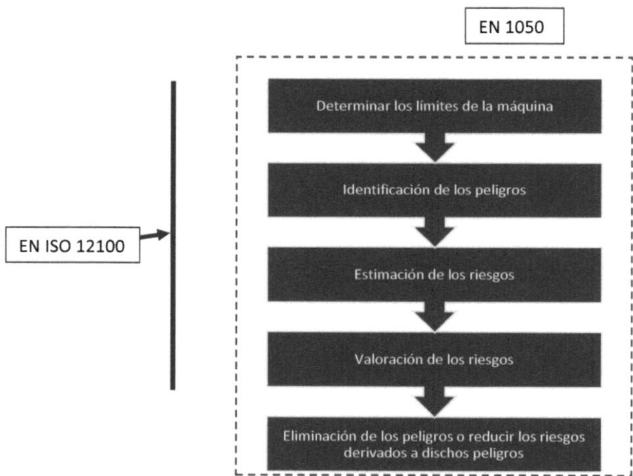

Figura 1. Pasos para el diseño seguro de máquinas según la norma EN 1050

Para el proceso de diseño y selección de las partes de un sistema de mando relativos a la seguridad se basan en el concepto "nivel de prestaciones" (PL) determinado por la norma EN ISO 13849-1 como se muestra en la figura 2. Cuando mayor es el riesgo, más exigentes son los requisitos del sistema de control, los peligros se clasifican en 5 niveles de prestaciones PL:

"a" PL bajo hasta "e" PL alto

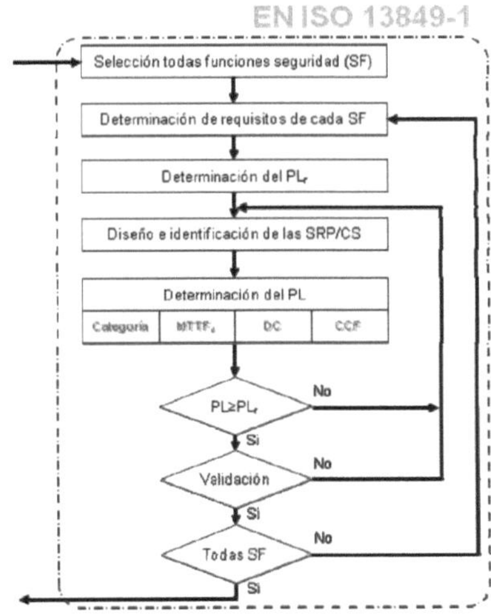

Figura 2. Determinación de los niveles de prestaciones PL [1]

El proceso iterativo se puede resumir en seis pasos que se detalla en la norma EN ISO 13849-1.

Estos pasos son:

1. Identificación y requisitos de las funciones de seguridad (SF)
2. Determinación del PL requerido (PLr)
3. Diseño e identificación de las partes del sistema de mando relativas a seguridad
4. Determinación del PL de las partes del sistema de mando relativas a seguridad
   - Aspectos cuantificables (categoría, MTTFd, DC, CCF)
   - Aspectos no cuantificables
5. Verificación PL ≥ PLr
6. Validación

Por tanto, se puede ver claramente la relación que existe entre la norma EN 1050 y la norma ISO EN 13849-1, queda resumida en la siguiente figura.

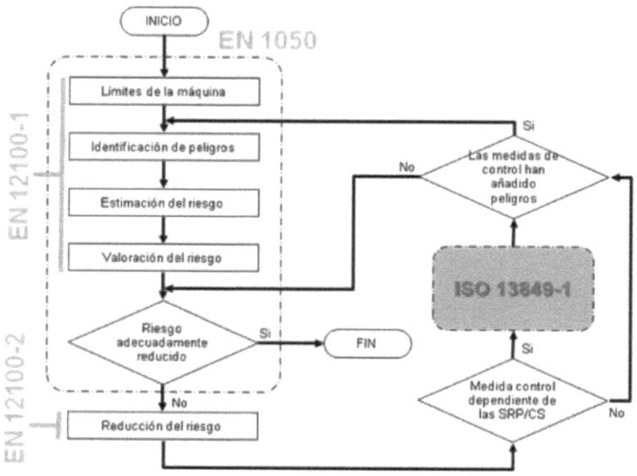

Figura 3. Relación entre normas EN 1050 y EN ISO 13849-1 [1]

Para el diseño de sistemas de mando relativos a la seguridad de acuerdo con las Directivas Europeas se deben cumplir al menos las principales Directivas al momento de diseñar máquinas las cuales se resumen en la figura 4.

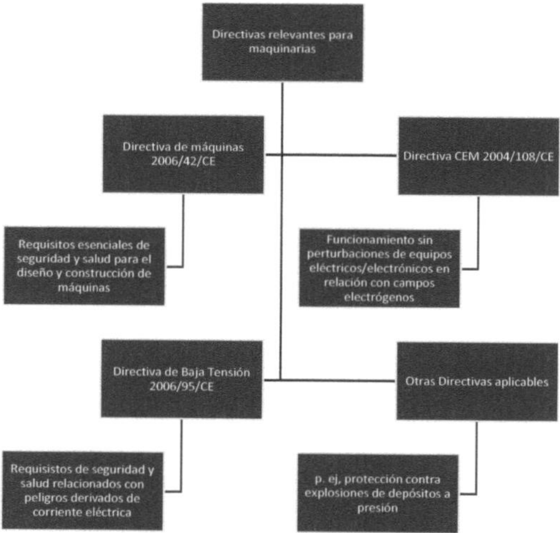

Figura 4. Principales Directivas Europeas [2]

Además de la norma EN ISO 13849-1 para el diseño de máquinas segura se puede aplicar la norma EN 62061 cuyo objetivo es comprobar la eficacia de las medidas de seguridad para reducir los riesgos, para o cual se clasifican los riesgos de acuerdo con los niveles denominados SIL (Nivel de integridad de seguridad).

La EN 62061 se centra en la evaluación de riesgos mediante un gráfico de riesgos, representada en forma de tabla. Se analiza, asimismo, la validación de funciones de seguridad utilizando métodos estructurales y estadísticos.

La estimación de riesgos y la especificación del SIL se realiza básicamente para cualquier peligro cuyo riesgo deba reducirse mediante dispositivos técnicos de control.

La estimación del riesgo según la EN 62061 se realiza aplicando los siguientes puntos:

- Gravedad de la lesión (S)

Efecto	Gravedad (s)
irreversible: muerte, pérdida de un ojo o brazo	4
irreversible: extremidades fracturadas, pérdida de uno o más dedos	3
reversible: requiere tratamiento médico	2
reversible: se precisan primeros auxilios	1

Tabla 1. Estimación de la gravedad de la lesión [3]

- Frecuencia y/o tiempo de exposición al peligro (F)

Frecuencia de la exposición	Duración (F) > 10 m*
<= 1h	5
> 1 h hasta <= 1 día	5
> 1 día a <= 2 semanas	4

> 2 semanas a <= 1 año	3
> 1 año	2

Tabla 2. Estimación de la frecuencia y/o tiempo de exposición al peligro [3]

- Probabilidad de que se produzca un suceso peligroso (W)

Probabilidad de que se produzca	Probabilidad (W)
muy alta	5
probable	4
posible	3
raro	2
insignificante	1

Tabla 3. Estimación de probabilidad que se produzca un suceso peligroso [3]

- Posibilidad de evitar o de limitar el daño (P)

Posibilidad de prevención o de limitación	Prevención y limitación (P)
imposible	5
raro	3
probable	1

Tabla 4. Estimación de la posibilidad de evitar o de limitar el daño [3]

El SIL se define sobre la base de la siguiente tabla. La clase K se calcula a partir de K = F + W + P.

Gravedad (S)	Clase (K) 3 - 4	Clase (K) 5 - 7	Clase (K) 8 - 10	Clase (K) 11 - 13	Clase (K) 14 – 15
4	SIL 2	SIL 2	SIL 2	SIL 3	SIL 3
3		(AM)*	SIL 1	SIL 2	SIL 3
2			(AM)	SIL 1	SIL 2
1				(AM)	SIL 1

Tabla 5. Clase K para clasificación del SIL [3]

* AM = otras medidas

2. Entorno de trabajo

El presente capítulo muestra la arquitectura de control y distribución física de actuadores, sensores, resumen de las fichas técnicas de los principales dispositivos de la Estación 1, además de una breve introducción de las redes de comunicación Ethernet/IP y EtherCAT.

La arquitectura de la Estación 1 está gobernada por dos controladores lógicos programables y un relé de seguridad los mismo que son encargados del control lógico secuencia y del sistema de seguridad, la primera arcuitectura está compuesta por el PLC NJ101-1020 y el relé de seguridad PNOZ mB0 como se muestra en la figura 5.

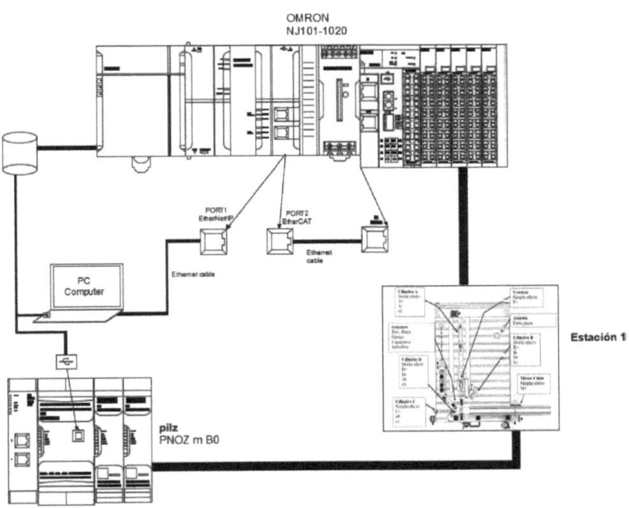

Figura 5. Arquitectura 1 de control y seguridad de la Estación 1

Mientras que la segunda arquitectura está constituida por el PLC PSSu FS SN SD como se muestran en las figuras 6.

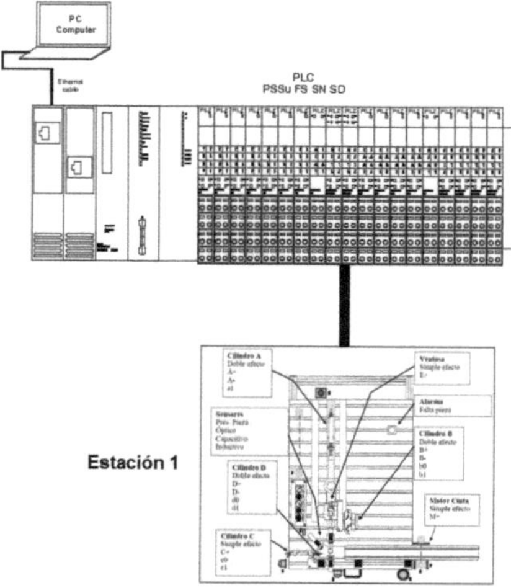

Figura 6. Arquitectura 2 de control y seguridad de la Estación 1

La figura 7, muestra todos los componentes que intervienen en el funcionamiento de la Estación 1 del laboratorio de Robótica y CIM.

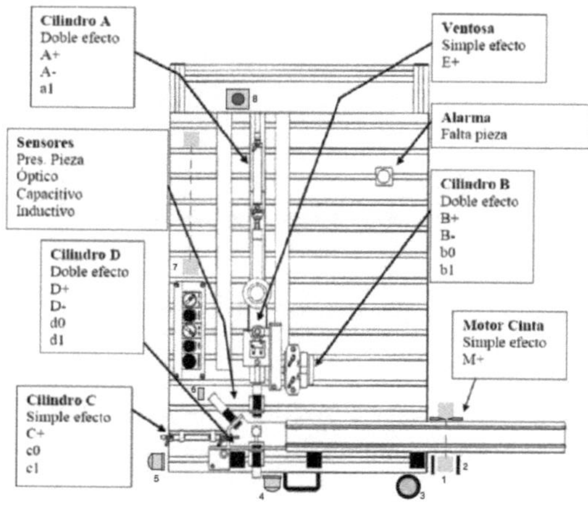

Figura 7. Componentes de la Estación 1

En la tabla 6 se encuentran listados los sensores de seguridad.

Numero	Componente
1	Barrera fotoeléctrica zona de salida de 15 cm
2	Sensores de muting
3	Lampara de muting
4	Seguro magnético para la puerta 2
5	Seguro magnético para la puerta 1
6	Sensores de presencia del elevador, nivel alto y bajo
7	Barrera fotoeléctrica zona de carga de 60 cm
9	Paro de emergencia

Tabla 6. Listado de componentes de seguridad de la Estación 1

La funcionalidad y tipo de los elementos que conforman la Estación 1 clasificados por actuadores, sensores y dispositivos de maniobra se muestran en las tablas 7, 8 y 9 respectivamente.

Componente	Tipo	Funcionalidad	Estado	Etiqueta
Cilindro A	Doble efecto	Cilindro de alimentación de piezas	Vástago extendido	A+
			Sensor detección Vástago extendido=1	a1
			Vástago retraído	A-
Cilindro B	Doble efecto	Cilindro de recogida de piezas	Giro antihorario=1	B+
			Sensor detección Giro antihorario=1	b1
			Giro Horario	B-
			Sensor detección	b0

			Giro Horario=1	
Cilindro C	Simple efecto	Cilindro de expulsión de piezas del ascensor	Vástago extendido	C+
			Sensor Vástago extendido=1	c1
			Sensor Vástago retraído=1	c0
Cilindro D	Doble efecto	Cilindro del ascensor de piezas	Elevador nivel alto	D+
			Sensor Elevador nivel alto=1	d1
			Elevador nivel bajo	D-
			Sensor Elevador nivel bajo=1	d0
Ventosa	Simple efecto	Ventosa para la recogida de piezas	Aire activado=1	E+
Motor	24 VDC	Movimiento de la cinta transportadora	Activado=1	M+
Válvula aire comprimido	Simple efecto	Válvula del aire comprimido en toda la estación	Activado=1	V+

Tabla 7. Actuadores y fines de carrera de la Estación 1

Componente	Tipo	Funcionalidad	Estado	Etiqueta
Sensor de presencia de pieza	Interruptor	Detecta una pieza en el alimentador	Activado=1	SP
Sensor óptico		Sensor que detecta las piezas metálicas y rojas	Activado=1	SC1
Sensor capacitivo		Sensor de presencia de piezas	Activado=1	SC2
Sensor inductivo		Sensor que detecta piezas metálicas	Activado=1	SC3

Tabla 8. Sensores de la Estación 1

Componente	Tipo	Funcionalidad	Estado	Etiqueta
Selector Automático/Manual	Selector con retención	Selecciona el modo de funcionamiento	Manual=0 Automático=1	M/A
Botón Marcha	Botón si retención NO		Activado=1	M
Selector Integrado / Independiente	Selector con retención	Selecciona el modo integrado o independiente	Integrado =0 Independiente =1	I/I
Botón Reset	Botón si retención NO		Activado=1	R
Pulsador Paro de Emergencia	Botón con retención NC	Desactiva la estación	No pulsado=0 Pulsado 1	PE

Tabla 9. Dispositivos de maniobra de la Estación 1

2.1. Especificaciones de los principales dispositivos de la Estación 1

En este apartado se recopilan las principales especificaciones eléctricas, electrónicas, comunicaciones y mecánicas de los principales dispositivos que conforman la Estación 1 del laboratorio de Robótica y CIM de la Universidad Politécnica de Cataluña sede Terrassa clasificados en dos grupos como se muestra en la figura 8.

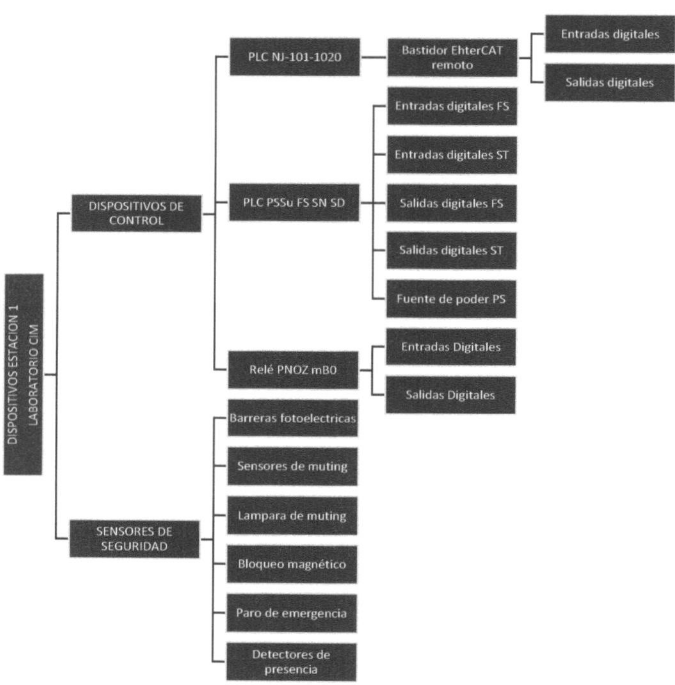

Figura 8. Dispositivos de la estación 1 del laboratorio CIM

2.1.1. Dispositivos de control

Se entiende como dispositivos de control a los elementos encargados de monitorear, evaluar y actuar sobre una o conjunto de máquinas en un proceso simple o una línea de producción.

La Estación 1 contemplan 3 dispositivos encargados del control del proceso y de seguridad, en la figura 9 se indica la función de cada dispositivo.

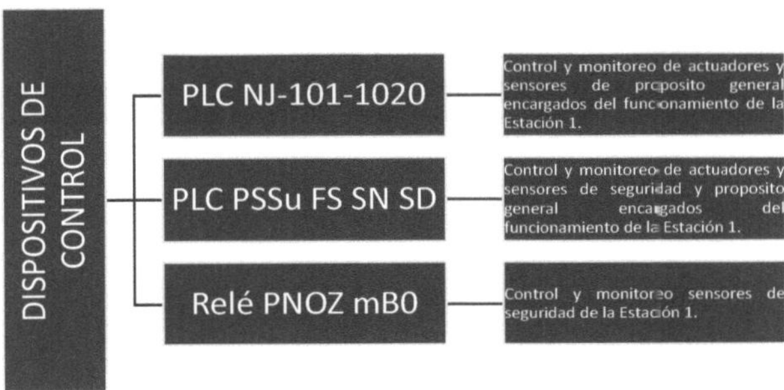

Figura 9. Funciones de los dispositivos de control y seguridad

CONTROLADOR LÓGICO PROGRAMABLE NJ-101-1020

La serie NJ del fabricante japonés Omron es un controlador de máquina para secuencia lógica y de control de movimiento además posee la opción de conexión directa a base de datos. Las principales características relacionadas a la aplicación del presente proyecto se muestran en la tabla 10.

Especificaciones Generales		NJ-101-1020
Montaje		En panel sobre Riel DIN 35 mm
Peso		550g
Dimensiones (mm)	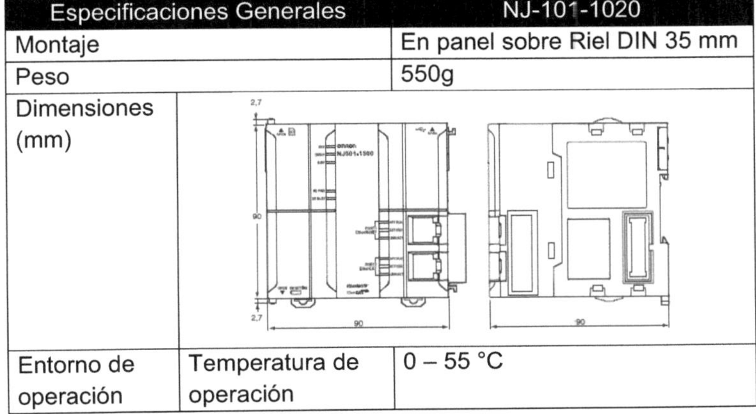	
Entorno de operación	Temperatura de operación	0 – 55 °C

	Humedad	10% a 90% sin condensación
	Altitud	2000m máx.
	Temperatura de almacenamiento	-20 a 75 °C sin la batería
Duración de la batería		5 años a 25 °C
Especificaciones de rendimiento		
Velocidad de proceso	Instrucciones de diagramas de relés	3.3 ns (5 ns máx.)
	Instrucciones matemáticas	70 ns
Programación	Capacidad del programa	3MB
	Capacidad definición de POU	450
	Capacidad de instancias de POU	1800
	Capacidad de variables sin retención	2 MB 22500
	Capacidad de variables con retención	0.5 MB 5000
	Lenguajes de programación	ST, texto estructurado LD, diagrama de relés
Configuración de unidades	Unidades CJ conectadas	10 unidades por bastidor 40 unidades máximo por sistema
	Máximo de bastidores expansores	3
	Capacidad de E/S (unidades CJ)	2560 puntos máx.
Motion Control	Número de ejes controlados	2 máx.
	Número de grupo de ejes	32 grupos máx.

	Unidades de posicionado	Pulsos, milímetros, micrómetros, nanómetros, grados o pulgadas.	
Comunicación	Puerto USB	Servicio compatible	Conexión a Sysmac Studio
		Capa física	Conector tipo B con USB 2.0
		Distancia de transmisión	5m máx.
	Puerto Ethernet/IP integrado	Capa física:	10-Base-T o 100 Base-TX
		Acceso al medio:	CSMA/CD
		Modulación:	Banda base
		Topología:	Estrella
		Velocidad:	100 Mbps (100Base-TX)
		Medio de transmisión:	Cable STP categoría Ethernet 5, 5e o superior
		Distancia máxima:	100m
	Puerto EtherCAT integrado	Estándar de comunicación:	IEC 61158, Tipo 12
		Especificaciones de unidad maestra:	Clase B
		Capa física	100BASE-TX
		Modulación:	Banda base
		Topología:	Línea, conexión en cadena o rama

		Medio de transmisión:	Cable par trenzado categoría 5 o superior
		Distancia máxima entre nodos:	100m
		Numero de esclavos:	64 máx.
		Tamaño de datos de proceso:	E/S 5736 bytes máx. (No obstante, el número máximo de tramas de datos de proceso es 4)
		Tamaño de datos de proceso por esclavo	E/S 1434 bytes máx.
Conexión a base de datos	SQL Server MySQL Server DB2 Oracle Firebird PostgreSQL		

Tabla 10. Especificaciones PLC Omron Serie NJ101-1020 [4]

Como complemento del controlador se dispone un bastidor remoto EtherCAT NX-ECC203 con unidades de entradas digitales ID4442 y salidas digitales OD4256, en la tabla 11 se muestra las principales características del módulo EtherCAT.

Especificaciones Generales	NX-ECC203	
Montaje	Sobre Riel DIN de 35 mm	
Peso	170 g máx.	
Dimensiones (mm)	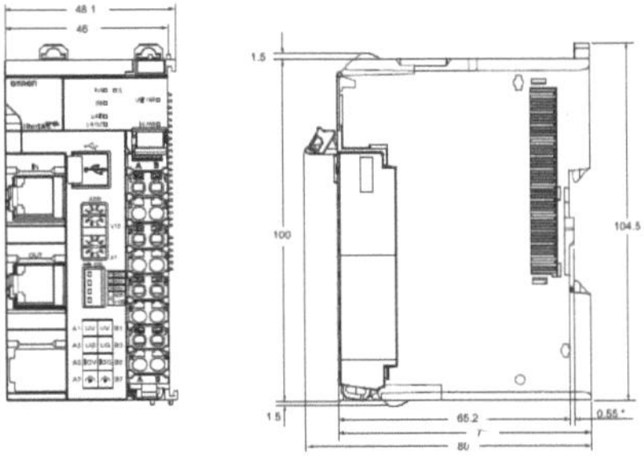	
Entorno de operación	Temperatura	0 – 55 °C
	Altirud	2000 m máx.
	Humedad	10% - 95% (sin condenzación)
	Atmosfera	Libre de gases corrosivos
Especificaciones de rendimiento		
Número de unidades NX conectables	63 máx.	
Envió/ recepción de PDO (Proceso de objeto de datos)	Entradas 1024 bytes máx. (incluidos datos de entrada, estados y áreas no usadas) Salidas 1024 bytes máx. (incluidos datos de salida, y áreas no usadas)	
Métodos de actualización	Actualización Free-Run Sincronización Entradas/salidas Actualización de Time stamp Actualización priorizada del periodo de tareas	
Configuración de la dirección de nodo	Cuando se usa el puerto EtherCAT en un CPU de la serie NJ • Configuración por switches rotatorios del nodo 1 a 192	

	• Configuración por Sysmac Studio del nodo 1 a 192	
Rendimiento de fluctuación de Entrada/Salidas	Entradas 1 us máx. Entradas 1 us máx.	
Fuente de alimentación de la unidad	Voltaje	24 VDC
	Capacidad de potencia unidad NX	10 W máx.
	Eficiencia	70%
	Aislamiento	Sin aislamiento entre la fuente de alimentación de la Unidad NX y los terminales de la fuente de alimentación de la Unidad
	Capacidad de corriente de los terminales	4 A máx.
Fuente de alimentación de Entradas/Salidas	Voltaje	5 - 24 VDC
	Máxima corriente Entrada/Salida	10 A
	Capacidad de corriente de los terminales	10 A
Consumo de potencia de la unidad NX	1.25 W máx.	
Consumo de corriente de Entradas/salidas	10 mA máx. (24 VDC)	
Resistencia dieléctrica	510 VAC por 1 minuto, corriente de fuga: 5 mA máx. (entre circuitos aislados)	
Resistencia de aislamiento	100 VDC, 20 MΩ min (entre circuitos aislados)	

Comunicación	Estándar de comunicación	IEC 61158 Tipo 12
	Capa física	100BASE-TX (IEEE 802.3)
	Modulación	Banda Base
	Velocidad	100 Mbps
	Topología	Depende de las especificaciones del master EtherCAT
	Tipo de cable	Par trenzado categoría 5 o superior
	Distancia	100 máx. entre nodos

Tabla 11. Especificaciones módulo remoto EtherCAT NX-ECC203 [5]

La tabla 12 muestra las principales especificaciones del módulo de entradas digitales NX-ID4442.

Especificaciones Generales	NX-ID4442	
Montaje	Sobre riel DIN 35 mm	
Método de aterrizaje	Tierra de 100 Ω o inferior	
Entorno de operación	Temperatura de operación	0 – 55°C
	Humedad de operación	10 – 85% (sin condensación)
	Atmosfera	Libre de gases corrosivos
	Temperatura de almacenaje	-25° - 70°C
	Altitud	2000 m máx.
Dimensiones	12x100x71 mm (AnxAlxPr)	
Peso	65 g máx.	

Especificaciones de rendimiento	
E/S interna común	PNP
Capacidad	8 entradas
Voltaje	24 VDC (15-28.8 VDC)
Corriente de entrada	3.5 mA típica a 24 VDC
ON voltaje/ ON corriente	15 VDC min. /3 mA min. (entre IOG y cada señal)
OFF voltaje/ OFF corriente	5 VDC máx. /1 mA máx. (entre IOG y cada señal)
Tiempo de respuesta ON/OFF	20 us máx. / 400 us máx.
Método de aislamiento	Aislamiento por optoacoplador
Resistencia de aislamiento	20 MΩ min entre circuitos aislados a 100 VDC
Método de alimentación	Alimentado desde el bus NX
Potencia consumida	0.50 W máx.
Disposición del circuito	
Diagrama de conexión	

Tabla 12. Especificaciones entrada digital NX-ID4442 [6]

La tabla 13 muestra las principales especificaciones del módulo de entradas digitales NX-ID4256.

Especificaciones Generales	NX-ID4256	
Montaje	Sobre riel DIN 35 mm	
Método de aterrizaje	Tierra de 100 Ω o inferior	
Entorno de operación	Temperatura de operación	0 – 55°C
	Humedad de operación	10 – 85% (sin condensación)
	Atmosfera	Libre de gases corrosivos
	Temperatura de almacenaje	-25° - 70°C
	Altitud	2000 m máx.
Dimensiones	12x100x71 mm (AnxAlxPr)	
Peso	70 g máx.	
Especificaciones de rendimiento		
Tipo	Salida por transistor	
E/S interna común	PNP	
Capacidad	8 salidas	
Voltaje	24 VDC	
Rango de voltaje de carga	15 - 28.8 VDC	
Máximo valor de corriente de carga	0.5 A / salida, 4 A /unidad NX	
Corriente máxima de entrada	4.0 A/salida, 10 ms max.	
Corriente de fuga	0.1mA	
Voltaje residual	1.5 V máx.	
Tiempo de respuesta ON/OFF	0.5 ms máx. / 1.0 ms máx.	
Método de aislamiento	Aislamiento por optoacoplador	
Resistencia de aislamiento	20 MΩ min entre circuitos aislados a 100 VDC	

Método de alimentación	Alimentado desde el bus NX
Potencia consumida	0.65 W máx.
Consumo de corriente E/S	30 mA máx.
Disposición del circuito	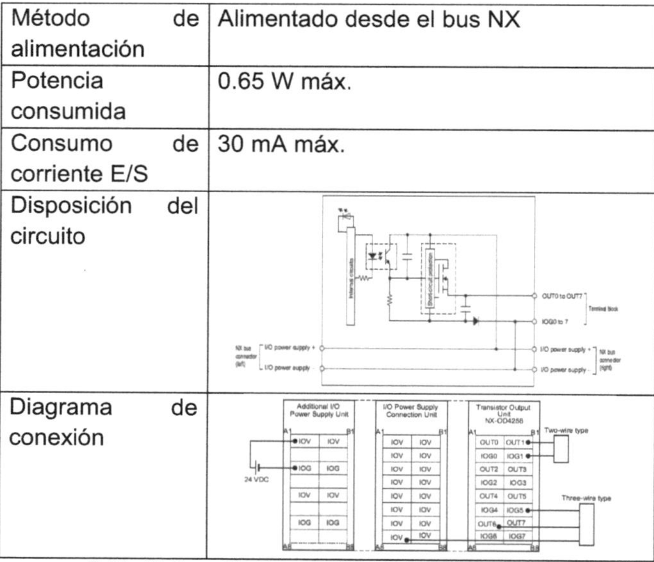
Diagrama de conexión	

Tabla 13. Especificaciones salidas digital NX-OD4256 [7]

Controlador Lógico Programable de seguridad - PSSu FS SN SD

Este módulo de cabecera pertenece a la clase de potencia "Sistema de control PSSu PLC" del fabricante Pilz de origen alemán especializado en dispositivos y sistemas de seguridad. Este tipo de PLC puede ser utilizado en aplicaciones orientadas a la seguridad con o sin SafetyNET p o en aplicaciones no orientadas a la seguridad con PROFINET I/O. Algunas de sus especificaciones se describen en la tabla 14.

Especificaciones Generales	PSSu FS SN SD	
Montaje	Sobre riel DIN 35 mm	
Entorno de operación	Temperatura de operación	0 – 60°C
	Humedad de operación	93% con 40 °C
	Temperatura de almacenaje	-25° - 70°C

	Altitud	2000 m máx.
Dimensiones (mm)		
Peso	365 g	
Color	Amarillo	

Especificaciones del sistema

Modo de funcionamiento	PL e, Cat. 4 de acuerdo con EN ISO 13849-1:2015 SIL 3 de acuerdo con IEC 61511		
Recursos	ST (estándar) FS (FailSafe – a prueba de fallos)		
Conexión SafetyNETp	Para ST y FS		
PROFINET-DP-Slave	No		
PROFINET IO Device	Si		
Conexión IP	Si		
Adaptador Ethernet IP			
OPC-Server	No		
Conexión Máxima de E/S	64		

Especificaciones de rendimiento

Programación	IEC 61131		
	Multiprogramación		
	Variables a prueba de borrado eléctrico		
Tensión de alimentación	Module Supply	Voltaje	24 VDC, tolerancia -30% / +25%
		Corriente	1 A
		Potencia	16 W
	Periphery Supply	Voltaje	24VDC, tolerancia -30% / +25%
		Corriente	10 A

Tensión de alimentación interna (Module Supply)	Voltaje	5 V, tolerancia -2% / +3%
	Corriente	2 A
	A prueba de cortocircuitos	

Especificaciones del CPU	
Resolución	1 s
Diferencia	+/- 10s/día
Tareas FS	9 máx.
Tareas ST	9 máx.
Variables máx. en FS	10000
Variables máx. en ST	10000
Tiempo de ciclo tarea FS	6ms min.
Tiempo de ciclo tarea ST	2 ms min.
Memoria RAM	120MB
Memoria de programa disponible por recurso	4 MB
Memoria FS a prueba de borrado eléctrico	382 kB
Memoria ST a prueba de borrado eléctrico	128 kB
Tarjeta extraíble	1 tipo SD
Pulsador de reset	Si

Especificaciones de comunicaciones		
Interface SafetyNET	Puertos	2
	Dirección IP (automáticamente desde)	169.254.x.y
	Conexión	RJ45
	Velocidad	100 Mbit/s
	Número máximo de conexiones TX-ST y Rx-ST	64
	Número máximo de conexiones TX-FS y Rx-FS	64
	Tiempo de ciclo	2… 60000 ms

Interface PROFINET	Entrada	1440 bytes
	Salida	1440 bytes
	Velocidad	100 Mbit/s
	Certificación	PNO
	Conexión	RJ45
	Tipo de dispositivo	Esclavo
	Tiempo de ciclo	4 .. 512 ms
Modbus/TCP	Tiempo de ciclo	2 ... 2000000 ms
Adaptador Ethernet/IP	Tiempo de ciclo	4 .. 655000 ms
	Tipo de dispositivo	Adaptador
	Longitud de datos	508 byte máx.
	Número de conexiones E/S	1 máx.

Tabla 14. Especificaciones PLC PSSu FS SN SD [8]

El PLC PSSu FS SN SD está compuesto en su bastidor por módulos de entradas y salidas digitales tipo FS y ST, en la tabla 15 se muestra las especificaciones del módulo de entradas digitales con FailSafe PSSu E F 4DI.

Especificaciones Generales	PSSu E F 4DI	
Montaje	Enchufable al módulo base y éste sobre riel Din de 35 mm	
Entorno de operación	Temperatura de operación	0 – 60 °C
	Humedad de operación	93% con 40°C
	Temperatura de almacenaje	-25 - 70 °C
	Altitud	2000 m

Dimensiones (mm)	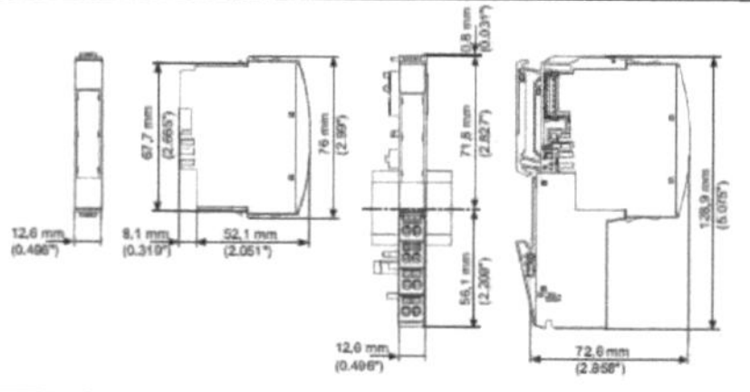
Peso	35 g
Color	Amarillo
Especificaciones de rendimiento	
Bits de entrada FS	4
Salidas de tacto de prueba	2 a 24 VDC
Tensión de entrada	24 VDC
Corriente de entrada	6 mA a 24VDC
Umbral para cambio de "1" a "0"	9 V
Umbral para cambio de "0" a "1"	10 V
Disposición de bornes	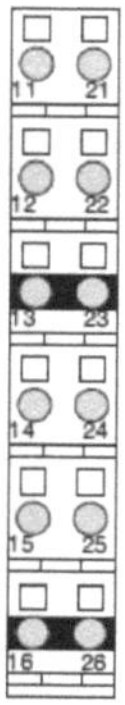 **11**: Entrada I0 **21**: Entrada I1 **12-22**: Salida de tactos de prueba T0 o salida +24 V (Periphery Supply, puente 12-22 en el módulo base) **13-23**: Potencial del Rail C (puente 13-23-16-26 en módulo base) **14**: Entrada I2 **24**: Entrada I3 **15-25**: Salida de tactos de prueba T1 o salida +24 V

		(Periphery Supply, puente 15-25 en el módulo base) **16-26:** Potencial del Rail C (puente 13-23-16-26 en módulo base)

Tabla 15. Especificaciones entradas digitales seguras - PSSu E F 4DI [9]

En la tabla 16 se muestra las especificaciones del módulo de salidas digitales con FailSafe PSSu E F 4DO.

Especificaciones Generales	PSSu E F 4DO 0.5	
Montaje	Enchufable al módulo base y éste sobre riel Din de 35 mm	
Entorno de operación	Temperatura de operación	0 – 60 °C
	Humedad de operación	93% con 40°C
	Temperatura de almacenaje	-25 - 70 °C
	Altitud	2000 m
Dimensiones (mm)		
Peso	45 g	
Color	Amarillo	
Especificaciones de rendimiento		
Bits de salidas FS	4	
Tensión de salida	24 VDC	

Corriente de salida	0 - 0.62 A a 24VDC	
Corriente residual a 0 V	0.02 mA	
Disposición de bornes		**11:** Salida O1 **21:** Salida O1 **12-22:** 0 V (12-22 conectado con el módulo base) **13-23:** 0 V (13-23 conectado con el módulo base) **14:** Salida O2 **24:** Salida O3

Tabla 16. Especificaciones salidas digitales seguras - PSSu E F 4DO 0.5 [10]

La tabla 17 muestra las especificaciones del módulo de entradas digitales estándar PSSu E S 4DI.

Especificaciones Generales	PSSu E S 4DI	
Montaje	Enchufable al módulo base y éste sobre riel Din de 35 mm	
Entorno de operación	Temperatura de operación	0 – 60 °C
	Humedad de operación	93% con 40°C
	Temperatura de almacenaje	-25 - 70 °C
	Altitud	2000 m
Dimensiones (mm)		
Peso	31 g	
Color	Gris oscuro	

Especificaciones de rendimiento	
Bits de entrada FS	4
Tensión de entrada	24 VDC
Corriente de entrada	6 mA a 24VDC
Umbral para cambio de "1" a "0"	8 V
Umbral para cambio de "0" a "1"	10 V
Tiempo de cambio de 1 a 0 / 0 a 1	Máx. 4 ms Min. 3 ms
Disposición de bornes	**11**: Entrada I0 **21**: Entrada I1 **12-22**: +24 VDC (Periphery Supply, puente 12-22 en el módulo base) **13-23**: +24 VDC (puerte 13-23-16-26 en módulo base) **14**: Entrada I2 **24**: Entrada I3

Tabla 17. Especificaciones entradas digitales estándar - PSSu E S 4DI [11]

La tabla 18 muestra las especificaciones del módulo de salidas digitales estándar PSSu E S 4DO 0.5.

Especificaciones Generales	PSSu E S 4DO 0.5	
Montaje	Enchufable al módulo base y éste sobre riel Din de 35 mm	
Entorno de operación	Temperatura de operación	0 – 60 °C
	Humedad de operación	93% con 40°C
	Temperatura de almacenaje	-25 - 70 °C
	Altitud	2000 m
Dimensiones (mm)		
Peso	34 g	
Color	Gris oscuro	
Especificaciones de rendimiento		
Bits de salidas FS	4	
Tensión de salida	24 VDC	
Corriente de salida	0 - 0.62 A a 24VDC	
Corriente residual a 0 V	0.02 mA	
Disposición de bornes		**11:** Salida O1 **21:** Salida O1 **12-22:** 0 V (12-22 conectado con el módulo base) **13-23:** 0 V (13-23 conectado con el módulo base) **14:** Salida O2 **24:** Salida O3

Tabla 18. Especificaciones entradas digitales estándar - PSSu E S 4DI [12]

RELÉ DE SEGURIDAD PNOZ mB0

El modo de funcionamiento de las entradas y salidas del sistema de control depende del circuito de seguridad programado en el software PNOZmulti Configurator. El circuito de seguridad es transferido al dispositivo base mediante el chip card. El dispositivo base tiene 2 microcontroladores que se supervisan mutuamente. Los microcontroladores evalúan los circuitos de entrada del dispositivo base y de los módulos de ampliación y, dependiendo de ello, conmutan las salidas de estos.

Las principales características del relé PNOZ mB0 se muestran en la tabla 19.

Especificaciones Generales	PNOZ multi mB0	
Normativa	CPU	bicanal PL e, según EN ISO 13849-1:2008 SIL CL 3 según EN 62061
	Entradas por semiconductor	monocanal PL d bicanal PL e
	Salidas por semiconductor	monocanal PL d bicanal PL e
Montaje	Sobre riel DIN de 35 mm	
Entorno de operación	Temperatura de operación	0 – 60°C
	Humedad de operación	EN 60068-2-30, EN 60068-2-78
	Temperatura de almacenaje	-25 - 70°C
	Altitud	2000 m
Dimensiones (mm)		
Peso	235 g	

Color	Amarillo	
Especificaciones de rendimiento		
Alimentación	24 VDC	
Corriente permanente máx. que debe suministrar la fuente de alimentación externa	1.6 A	
Corriente de conexión que debe suministrar la fuente de alimentación externa	3 A	
Cargas permitidas	inductiva, capacitiva, resistiva	
Entradas y salidas configurables (entrada o salida auxiliar)	8	24VDC entrada 5 mA salida 75 mA
Entradas	12	24VDC 5 mA
Retardo de entrada	2 ms	
Salidas por semiconductor	4	24 VDC 2 A
Salidas de tacto de prueba	4	24 VDC 0.1 A
Ejemplo de conexionado		

Tabla 19. Especificaciones del relé de seguridad PNOZ mB0 [13]

Además del módulo principal PNOZ mB0 por la cantidad de dispositivos de entrada/salida fue necesario el uso de 1 módulo de E/S adicional PNOZ m EF 8DI4DO cuyas especificaciones se muestra en la tabla 20.

Especificaciones Generales	PNOZ m EF 8DI4DO	
Montaje	Sobre riel DIN de 35 mm	
Entorno de operación	Temperatura de operación	0 – 60°C
	Humedad de operación según	EN 60068-2-30, EN 60068-2-78
	Temperatura de almacenaje	-25 - 70°C
	Altitud	2000 m
Dimensiones (mm)	120 (4.72") 98 (3.86") * 100 (3,94") 22,5 (0.88")	
Peso	105 g	
Color	Amarillo	
Especificaciones de rendimiento		
Alimentación	24 VDC	
Consumo de corriente	39 mA	
Consumo de potencia	1 W	
Cargas permitidas	inductiva, capacitiva, resistiva	
Entradas	8	24VDC 5 mA
Retardo de entrada	8 ms máx.	
Salidas por semiconductor	4	24 VDC 2 A
Ejemplo de conexionado	Sin derivación S1 I0 L+ Con derivación	

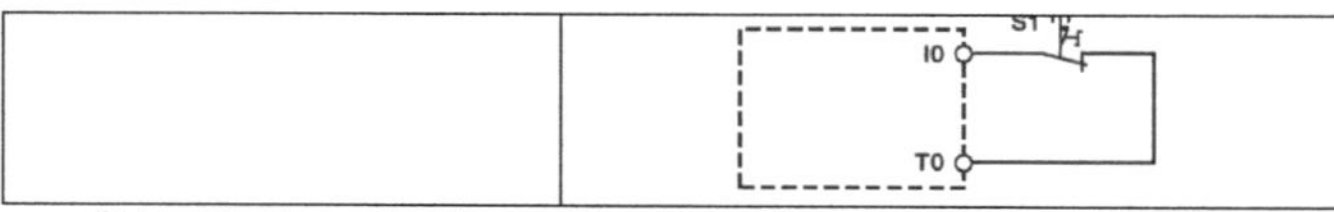

Tabla 20. Especificaciones del módulo E/S PNOZ m EF 8DI4DO [14]

2.1.2. Sensores de seguridad

No basta con tener una máquina automática o una línea de producción que cumpla con las características especificadas en su diseño si un día común de trabajo genera un accidente, con esta premisa surgen los sistemas de seguridad de máquinas que no es más que un conjunto de dispositivos que interactúan con el entorno de máquina y el entorno del operador con el fin de garantizar la seguridad física del operador como de la máquina.

La Estación 1 está compuesta por los sensores que se muestra en la figura 10, con la finalidad de generar un ambiente seguro para los estudiantes, además se describe su funcionalidad.

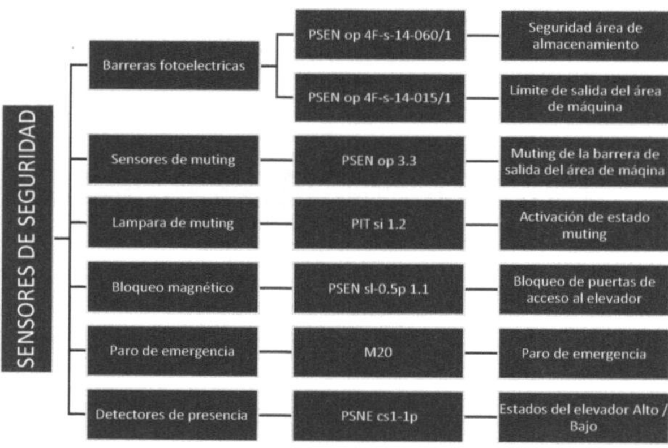

Figura 10. Sensores de seguridad y funcionalidades

Las barreras fotoeléctricas de seguridad son dispositivos optoelectrónicos multihaz que se utilizan para proteger áreas de trabajo que, en presencia de máquinas, robots y sistemas automáticos en general, pueden volverse peligrosas para los operadores que pueden ponerse en contacto accidentalmente, la tabla 21 describe las principales especificaciones de las barreras foto eléctricas.

Especificaciones Eléctricas	op 4F-s-14-060/1 op 4F-s-14-015/1
Alimentación	24 VDC
Consumo de potencia Transmisor	2.5 W máx.
Consumo de potencia Receptor	3.5 W máx.
Salidas	2 PNP
Categoría de seguridad (SIL)	Tipo 4
Longitud de cable	50 m máx.
Especificaciones Ópticas	
Emisión de luz	LED infrarrojo (950 rm)
Resolución	10 – 30 mm
Distancia de operación	0.2 … 19 m para 30 mm 0.2 … 6 m para 14 mm
Especificaciones mecánicas y entorno	
Temperatura de operación	0 – 55°C
Temperatura de almacenaje	-25 – 70°C
Humedad	15 – 95% Sin condensación
Nivel de protección	IP 65
Peso	1.3 kg / metro cada unidad sola
Conexionado	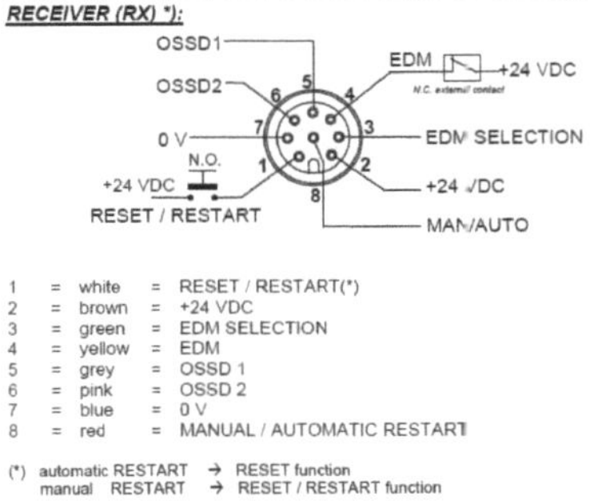 (ver diagrama)

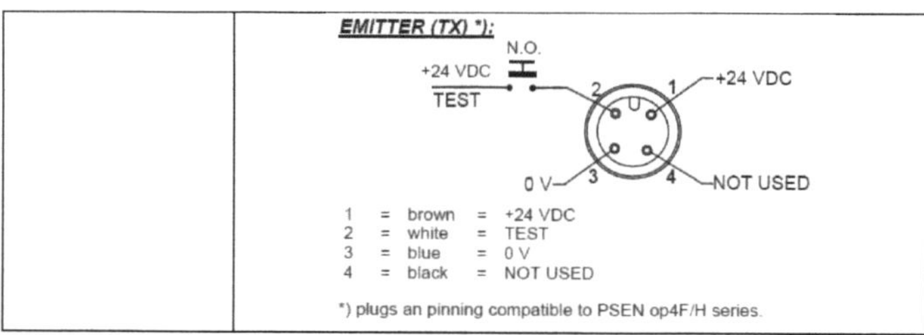

Tabla 21. Especificaciones de barreras fotoeléctricas de seguridad op4F [15]

Los sensores de muting se encargan de realizar un puenteo seguro, automático y transitorio de un equipo de protección electro-sensible en este caso una barrera fotoeléctrica de seguridad, durante el funcionamiento. Esto permite transportar material hacia fuera o dentro de una zona peligrosa. Las especificaciones de los sensores de muting se muestran en la tabla 22.

Especificaciones Eléctricas	PSEN op 3.3
Categoría de seguridad	PL a
Alimentación	10 - 30 VDC
Salidas por semiconductor	1 normalmente abierto
	1 normalmente cerrado
Especificaciones Ópticas	
Tipo	Luz Retro-reflectante
Rango de longitud de onda	640 nm
Rango de operación	0 - 9 m
Especificaciones mecánicas y entorno	
Temperatura de operación	-10 – 55°C
Temperatura de almacenaje	-20 – 70°C
Nivel de protección	IP 67
Peso	30 g
Conexionado	

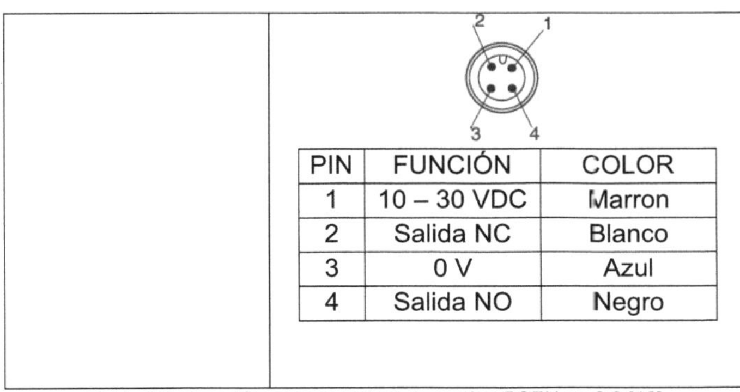

PIN	FUNCIÓN	COLOR
1	10 – 30 VDC	Marron
2	Salida NC	Blanco
3	0 V	Azul
4	Salida NO	Negro

Tabla 22. Especificaciones sensor de muting PSEN op 3.3 [16]

Las lámparas de muting supervisada PIT si 1.2 son usadas para la visualización de estados de puenteo de dispositivos de protección y para advertir a las personas contra el acceso involuntario o voluntario a zonas peligrosas, algunas especificaciones se muestran en la tabla 23.

Especificaciones Eléctricas	PIT si 1.2
Categoría de seguridad	PL e (SIL4)
Alimentación	24 VDC
Vida eléctrica	1000 horas
Salidas a semiconductor	2, corriente 100 mA
Tiempo de reacción	1 – 5 ms
Especificaciones mecánicas y entorno	
Temperatura de operación	0 – 50°C
Temperatura de almacenaje	-25 – 50°C
Nivel de protección	IP 65
Peso	218 g
Conexionado	

Tabla 23. Especificaciones lámpara de muting PIT si 1.2

El sistema de protección de puerta de bloqueo magnético PSEN sl-0.5p 1.1 provee la alternativa libre de desgaste a la tecnología mecánica, sus especificaciones se muestran en la tabla 24.

Especificaciones Eléctricas	PSEN sl-0.5p 1.1
Categoría de seguridad	PL e (SIL 3)
Modo de funcionamiento	Transpondedor
Banda de frecuencia	122 kHz – 128 kHz
Potencia radiada	15 mW máx.
Alimentación	24 VDC
Frecuencia de conmutación	1 Hz
Especificaciones de E/S	
Entradas	2
Tensión de entrada	24 VDC
Intervalo de corriente de entrada	5 mA
Salidas por semiconductor OSSD seguras	2
Salidas de diagnóstico	1
Corriente de conmutación por salida	500 mA
Potencia de conmutación por salida	12 W
Especificaciones mecánicas y entorno	
Temperatura de operación	-25 - 55 °C
Temperatura de almacenaje	-25 - 70 °C
Nivel de protección	IP67
Peso	950 g
Conexiones	

conector macho M12 de 8 polos			
PIN	**Función**	**Denominación de bornes**	**Color de conductor (cable Pilz)**
1	Entrada canal 2	S21	blanco
2	+24 V UB	A1	marrón
3	Salida de seguridad canal 1	12	verde
4	Salida de seguridad canal 2	22	amarillo
5	salida de diagnóstico	Y32	gris
6	Entrada canal 1	S11	rosa
7	0 V UB	A2	azul
8	"Lock_Unlock"	S31	rojo

Tabla 24. Especificaciones de bloqueo magnético para puertas PIT si 1.2 [17]

Toda máquina e instalación industrial han de llevar un cispositivo de parada de emergencia que permita evitar o limitar peligros en situaciones de emergencia, la Estación 1 posee un botón de paro de emergencia de la serie PIT Set/1, sus principales especificaciones se muestran en la tabla 25.

Especificaciones Eléctricas	PIT Set/1
Categoría de seguridad	PL e (SIL 3)
Monitoreado	Si
Corriente de contacto	1 mA min.
Resistencia de volumen	100 mOhm
Voltaje AC	250 V
Corriente AC	3 A
Voltaje DC	24 V
Corriente DC	2 A
Especificaciones ambientales	
Temperatura de operación	-30 – 70°C
Temperatura de almacenaje	-50 – 85°C
Voltaje de aislamiento	250V
Tipo de protección	IP65
Conexionado	

PIN	FUNCIÓN	COLOR
1	Entrada canal 1	Marrón

		2	Salida canal 1	Blanco	
		3	0 V	Azul	
		4	Salida canal 2	Negro	
		5	Entrada canal 2	Gris	

Tabla 25. Especificaciones paro de emergencia PIT Set/1

La Estación 1 posee dos detectores de presencia tipo interruptor de seguridad encriptado PSEN cs1.1p que proporcionan un diagnóstico rápido mediante indicadores LED de la supervisión de la posición de alto o bajo del elevador, sus principales características se muestran en la tabla 26.

Especificaciones Eléctricas	PSEN cs1.1p
Categoría de seguridad	PL e (SIL 3)
Modo de funcionamiento	Transpondedor
Banda de frecuencia	122 kHz – 128 kHz
Potencia radiada	7 dBm máx.
Alimentación	24 VDC
Frecuencia de conmutación	3 Hz máx.
Especificaciones de E/S	
Entradas	2
Tensión de entrada	24 VDC
Intervalo de corriente de entrada	5 mA
Corriente en vacío	50 mA
Salidas de seguridad OSSD	2
Salidas de diagnóstico	1
Especificaciones mecánicas y entorno	
Temperatura de operación	-25 - 70 °C
Temperatura de almacenaje	-25 - 70 °C
Nivel de protección	IP67
Peso	150 g

Conexiones		conector macho M12 de 8 polos

PIN	Denominación de conexión	Función	Color de los conductores
1	S21	entrada canal 2	Blanco
2	A1	+24 V UB	Marrón
3	12	Salida canal 1	Verde
4	22	Salida canal 2	Amarillo
5	Y32	Salida de diagnóstico	Gris
6	S11	Entrada canal 1	Rosa
7	A2	0 V UB	Azul
8	Y1	Entrada de diagnóstico	Rojo

Tabla 26. Especificaciones de los sensores de posición PSEN cs1.1p

2.2. Ethernet/IP

Es un protocolo de red industrial que proporciona sistemas de red a nivel de toda la planta con el uso de tecnologías de conexión de redes abiertas ya que adapta el CIP (Common Industrial Protocol) al estándar Ethernet, capaz de realizar tareas de control, seguridad, sincronización, movimiento, configuración e información. Este protocolo está estandarizado en a norma IEEE 802.3

Las principales características del protocolo Ethernet/IP se muestran en la tabla 27.

Protocolo Ethernet/IP	
Número de nodos	Ilimitado
Velocidad	100Mbps
Conexión entre nodos	Punto-punto al través de un switch
Distancias	100m para cable de cobre 20 km para fibra
Topologías	Arbol, Estrella, Troncal – Derivaciones, Anillo
Medios físicos	Par trenzado de cobre, RJ-45
	Fibra óptica
Extracción e inserción	Sin necesidad de desconectar la red
Control de acceso al medio	CSMA/CD
Tipo de Comunicación	Basado en mensajes (paquetes)

Tabla 27. Características principales de Ethernet/IP

2.3. EtherCAT

Ethernet para el Control de Tecnologías de Automatización, es un protocolo de código abierto de alto rendimiento dentro del entorno industrial que nace con la necesidad de solventar la ineficiencia en la transmisión de datos sobre Ethernet ya que los datos se transmiten en paquetes de pequeño tamaño, además, los menajes se originan cuando el dispositivo maestro o esclavo lo solicita lo que significa que Ethernet trabaje como un sistema de información semidúplex, haciendo de EtherCAT un protocolo determinista y síncrono que trabaja sobre una red estándar de Ethernet permitiendo el control en tiempo real de E/S, seguridad, ejes, HMI, VDF´s, visión artificial, etc.

La novedad de EtherCAT reside en que los paquetes Ethernet no se reciben, interpretan, procesan y copian en cada dispositivo. El protocolo EtherCAT sigue transportando datos directamente dentro de un frame Ethernet estándar, pero sin cambiar su estructura básica.

El modo de funcionamiento se basa en que los dispositivos esclavos EtherCAT pueden leer los datos dirigidos a ellos mientras el frame pasa por el nodo del dispositivo evitando enviar todo el frame a cada dispositivo de la red. Al mismo tiempo, pueden añadir nuevos datos de entrada, con una demora de unos pocos nanosegundos. Dado que los marcos EtherCAT comprenden datos de muchos dispositivos que funcionan en modo de envío y recepción, la tasa de transmisión de datos real se incrementa hasta más del 90% del ancho disponible. Esto permite aprovechar plenamente las características full duplex de 100BaseTX con velocidades de transmisión de datos efectivas superiores a 100 Mbit/s, este principio funcional se lo denomina On the Fly (Al vuelo). Las principales características del protocolo EtherCAT se muestran en la tabla 28.

Protocolo EtherCAT		
Número de nodos	65535	
Velocidad	100BASE-TX	
Conexión entre nodos	Con o sin switches	
Distancias	100m para cable de cobre 20 km para fibra	
Topologías	Lineal	Daisy Chain con o sin derivaciones
	Árbol con extensiones	Estrella

Medios físicos	Par trenzado de cobre, RJ-45
	Fibra óptica
	LVDS entre módulos
Extracción e inserción	Sin necesidad de desconectar la red (depende de la topología)
Control de acceso al medio	División de tiempo o sondeo (time slicing or polling)
Tipo de Comunicación	Distribución de telegramas

Tabla 28. Características principales de EtherCAT

A modo de comparación entre los protocolos de comunicación Ethernet/IP y EtherCAT se muestra un ejemplo de topología para cada red representado en la figura 11 donde se observa claramente la ventaja de EtherCAT en aspectos como: cantidad de cableado, costos y facilidad de instalación.

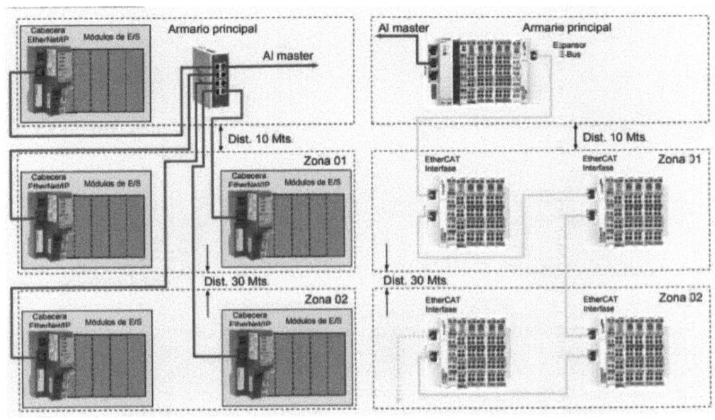

Figura 11. EtherCAT vs Ethernet/IP [18]

3. Desarrollo

El desarrollo del proyecto se enfoca en dos grandes puntos que comprende la programación de controladores lógicos programables y relé de seguridad como la configuración de sus comunicaciones, a lo largo del capítulo se desarrollan ambos aspectos de manera independiente para cada dispositivo.

3.1. Lógica de funcionamiento de la Estación 1

La Estación 1 dentro del sistema CIM del laboratorio se encarga del almacenamiento y suministro de materia prima la cual está representada por cilindros de dimensiones 2.5 cm de alto y de radio 2cm de colores rojo, negro y piezas metálicas para las cuales es necesario determinar la secuencia lógica de funcionamiento de la Estación 1, además, las condiciones de seguridad para proceder con la programación de los dispositivos de control y seguridad.

En la figura 12 se muestra la secuencia lógica de la Estación 1.

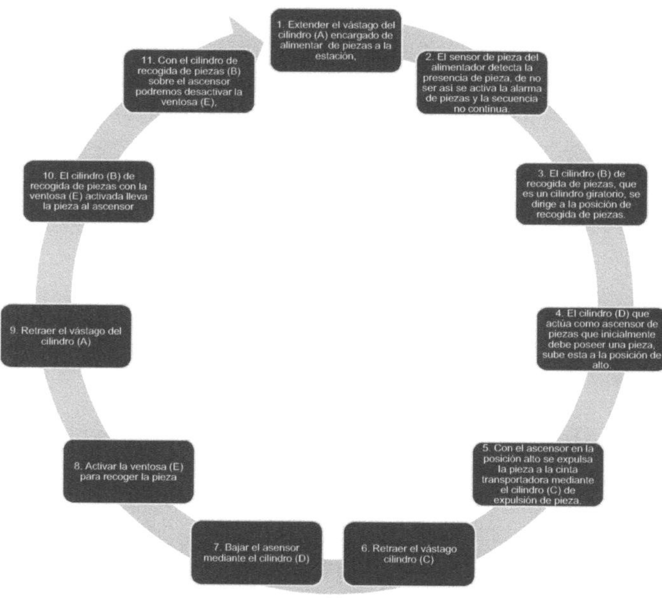

Figura 12. Secuencia de la Estación 1

Las condiciones de seguridad se determinan por situaciones que pueden ocurrir durante el funcionamiento o no de la Estación 1 y que se pueden considerar como peligrosas en el caso que alguna de estas condiciones se cumpla provoca que la estación genere un paro de emergencia automático o que la estación no se ponga en marcha.

La figura 13 muestra las condiciones en las que la estación genera un paro de emergencia automático.

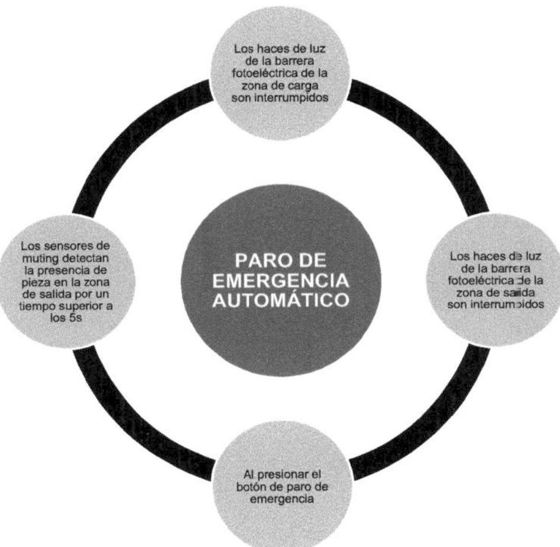

Figura 13. Condiciones de paro de emergencia automático

Las condiciones en las que no se permiten la marcha de la estación se muestran en la figura 14.

Figura 14. Condiciones de interrupción de la marcha de a estación

Además de interrumpir la marcha o generar un paro de emergencia automático los sensores de seguridad también se encargan de generar condiciones para generar la marcha y acceso seguro de la estación.

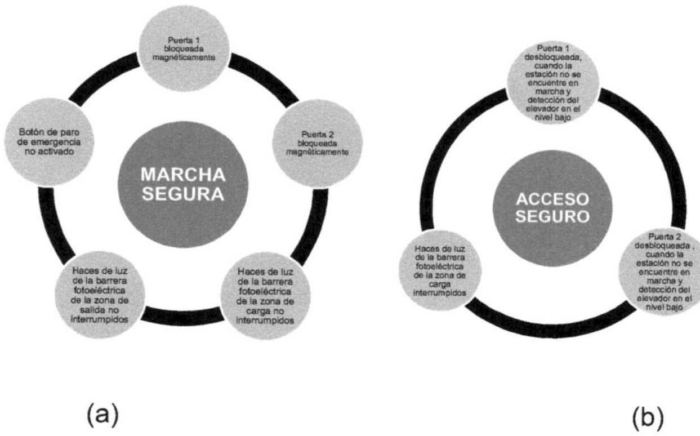

(a)   (b)

Figura 15. Condiciones de marcha (a) y acceso seguro (b) a la Estación 1

Con las condiciones de seguridad y la secuencia lógica definida también es necesario establecer unas condiciones iniciales de la estación ya que éste será el punto de partida para la marcha y reset de la estación en el caso de producirse paros de emergencia. La tabla 29 muestra las condiciones iniciales de la estación.

Elemento	Estado Inicial
Cilindro A	Vástago retraído, Sensor a1=0
Cilindro B	Sobre el ascensor, Sensor b0=1
Cilindro C	Vástago retraído, Sensor c0=1
Cilindro D	Ascensor en posición baja, Sensor d0=1
Ventosa E	Desactivada
Motor cinta transportadora	Activado
Válvula de aire	Activado
Estado ascensor	Con una pieza, sensor óptico, capacitivo o inductivo= 1.

Tabla 29. Condiciones iniciales de la estación

3.2. Programación

Para la programación de los autómatas programables se han usado los lenguajes de diagrama de contactos y texto estructurado mientras que para el relé de seguridad se usó la programación por bloques denominada Multi que es un lenguaje propio del fabricante PILZ.

El programa del PLC El PLC NJ-101-1020 contiene los POU's que se muestran en la tabla 30(a), mientras que los POU's del PLC PSSu FS SN SD se muestran en la tabla 30(b), además se indica el tipo de lenguaje en el que se programó.

POU	Tipo de lenguaje
Reset y condiciones iniciales	Diagrama de contactos
Manual	Diagrama de contactos
Automático	Texto Estructurado
Salidas	Diagrama de contactos
Producción	Texto Estructurado
Base de datos	Diagrama de contactos / Texto Estructurado

(a)
NJ-101-1020

POU	Tipo de lenguaje
Reset y condiciones iniciales	Diagrama de contactos
Manual	Diagrama de contactos
Automático	Texto Estructurado
Salidas	Diagrama de contactos
Seguridad	Texto Estructurado

(b)
PSSu FS SN SD

Tabla 30. Lenguajes de programación de cada POU.

POU de Reset y condiciones iniciales: El botón Reset de la estación se encarga de llevar a todos los actuadores de la Estación 1 a sus condiciones iniciales para su posterior puesta en marcha, estas condiciones se definieron anteriormente en la tabla 29. El GRAFCET correspondiente al funcionamiento de la secuencia de reset y condiciones iniciales se muestra en la figura 16.

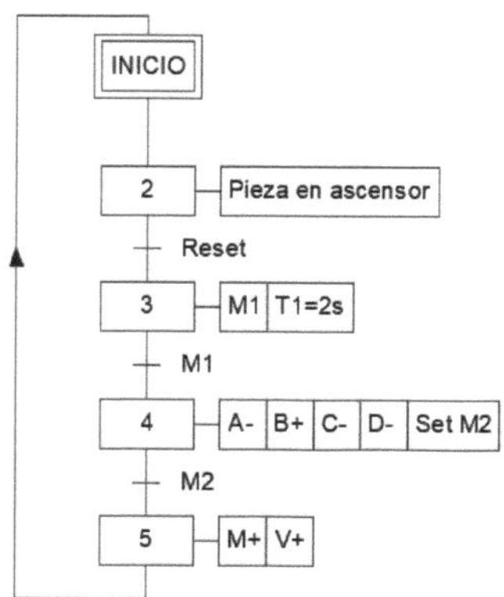

Figura 16. Grafcet del Reset y condiciones iniciales

POU de Modo Manual: En el modo manual se debe realizar movimientos independientes de los actuadores cada vez que se presione el botón de Marcha de acuerdo con la secuencial de la Estación 1. La figura 18 muestra el grafcet del modo manual.

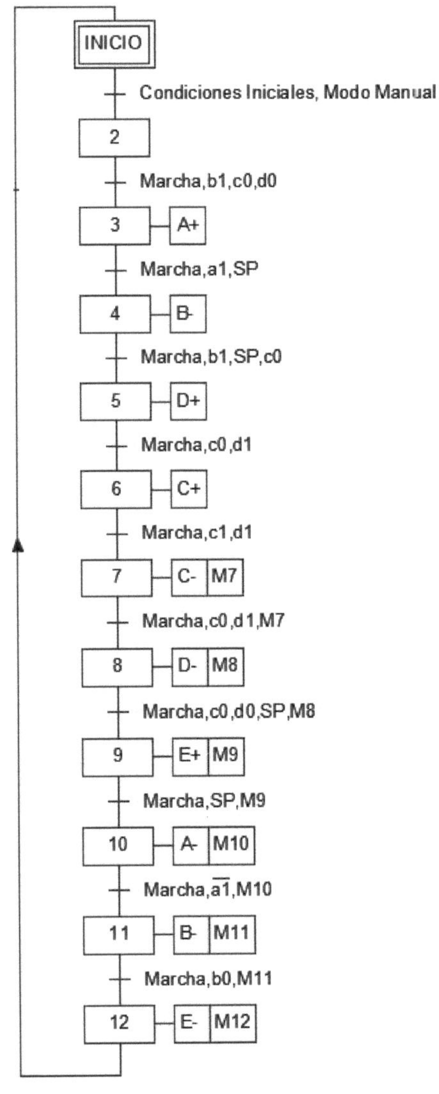

Figura 17. Grafcet del modo manual

POU de Modo Automático: El modo automático debe realizar todos los movimientos secuencialmente después de presionar una sola vez el botón de marcha y únicamente se detendrá cuando se presione el paro de emergencia o si la petaca de alimentación se queda sin piezas.

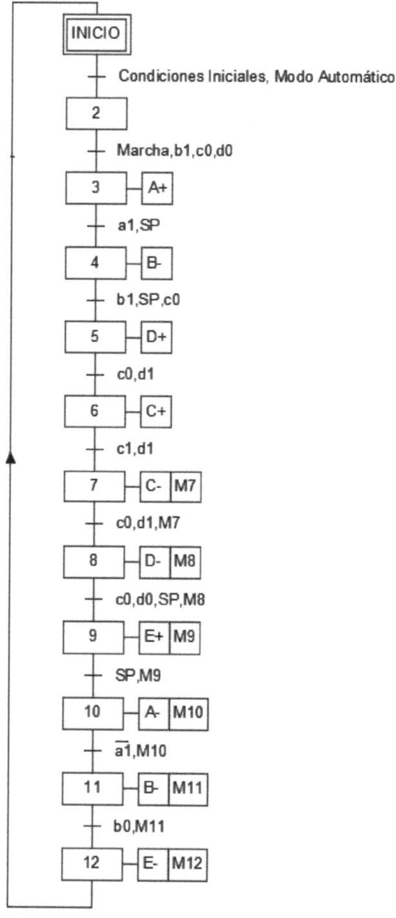

Figura 18. Grafcet del modo automático

POU de Salidas: En el POU de salidas se encuentran las condiciones de activación de cada actuador ya sea del modo manual, automático y Reset.

POU de Producción: El POU de producción realiza la secuencia lógica de acuerdo con la cantidad de piezas rojas y piezas de meta se quieren producir.

POU de Base de Datos: El POU de base de datos se encarga de realizar la conexión, desconexión e insertar datos del Modo Producción en la Tabla_Producción.

3.2.1. PLC NJ-101-1020

Una vez definida la secuencia lógica y GRAFCET´s para cada POU de la Estación 1 es necesario tener claro el mapeo de las uridades de entrada y salidas conectadas al autómata con el fin de realizar la programación de los modos manual y automático de la Estación 1.

La tabla 31 muestra el mapeo de las entradas del PLC NJ-101-1020.

Slot	Bit de entrada	Función
1	00	Botón Paro de emergencia
	01	Botón Marcha
	02	Selector Manual/Automático
	03	Botón Reset
	04	Selector Integrado/Independente
	05	Sensor a1 del cilincro A
	06	Sensor Presencia de pieza
	07	Sensor b0 del cilincro B
2	00	Sensor b1 del cilincro B
	01	Sensor c0 del cilindro C
	02	Sensor c1 del cilincro C
	03	Sensor d0 del cilincro D
	04	Sensor d1 del cilincro D
	05	Sensor óptico
	06	Sensor Capacitivo
	07	Sensor Inductivo
3	00	Estado de paro automático

Tabla 31. Mapeo de entradas PLC NJ-101-1020

La tabla 32 muestra el mapeo de las salidas del PLC NJ-101-1020.

Slot	Bit de salida	Función
4	00	Extender vástago cilindro A
	01	Recoger vástago cilindro A
	02	Giro horario cilindro B
	03	Giro anti-horario cilindro B
	04	Extender vástago cilindro C
	05	Posición alto del ascensor cilindro D
	06	Posición bajo del ascensor cilindro D
	07	Activa ventosa E
5	00	Activa el motor de la cinta transportadora
	01	Activa la válvula de aire de la Estación 1
	02	Luz piloto de alarma de pieza
	03	Estado de la estación activada/desactivada
	04	Libre
	05	Libre
	06	Libre
	07	Libre

Tabla 32. Mapeo de salidas PLC NJ-101-1020

El programa Sysmac Studio esta estandarizado bajo la norma IEC 61131-3 en el cual es posible programar PLC´s bajo los lenguajes de diagrama de contactos y texto estructurado, en la tabla 33 se muestra los símbolos utilizados para la programación en diagrama de contactos.

Símbolo	Descripción
	Contactos normalmente abiertos NO y cerrados NC, son usados para representar entradas tipo Booleanas para control binario únicamente.
	Bobinas, representan las salidas digitales y pueden interactuar con los contactos normalmente abiertos o cerrados.
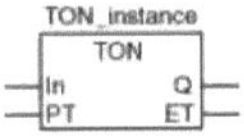 TON_instance — TON — In / Q — PT / ET	Temporizador con retardo al encendido. La instrucción TON da como resultado VERDADERO cuando transcurre el tiempo establecido después de que se inicia el temporizador
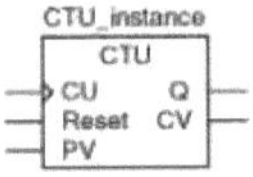 CTU_instance — CTU — CU / Q — Reset / CV — PV	Contador ascendente, la instrucción CTU incrementa el valor del contador cuando se recibe la señal de entrada del contador. El valor preestablecido y el valor del contador deben tener un tipo de datos INT.
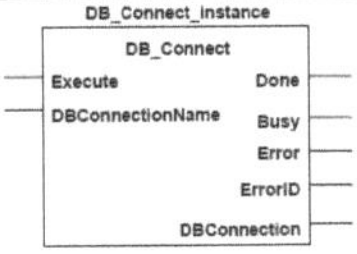 DB_Connect_instance — DB_Connect — Execute / Done — DBConnectionName / Busy — Error — ErrorID — DBConnection	Esta instrucción permite conectar a una base de datos especifica.
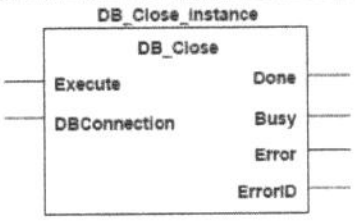 DB_Close_instance — DB_Close — Execute / Done — DBConnection / Busy — Error — ErrorID	Esta instrucción permite cerrar la conexión con la base de datos previamente conectada por la función DB_Connect.

	Esta instrucción cerrar el mapa de variables que serán enviados a la base de datos.
	Mediante esta instrucción se ingresan los datos a la tabla especifica en la base de datos deseada.

Tabla 33. Símbolos del lenguaje de diagrama de contactos.

Además del diagrama de contactos, el POU de modo automático se programó en texto estructurado donde fue necesario saber cómo se declaran las estructuras como IF, FOR, etc.

Estructura	Descripción

IF *condición* THEN
   declaración;
ELSIF *condición* THEN
   declaración;
ELSE
   declaración;
END_IF
	La construcción IF usa el resultado de la evaluación de una expresión de condición especificada para seleccionar una de dos instrucciones para ejecutar.

FOR Index:=Valor_inicial TO Valor final BY pasos DO *expresión* *END_FOR;*	Marca la posición de inicio para el procesamiento repetido y especifica la condición de repetición.
TRUE & FALSE	Expresiones booleanas para actuar sobre las salidas y monitorear las entradas.

Tabla 34. Estructuras de programación en texto estructurado.

Una vez definido los aspectos antes mencionados para realizar la programación del software como primer paso es necesario configurar el hardware para lo cual es necesario el uso del software Sysmac Studio versión 1.18, ya que este software soporta los dispositivos Omron de las series NJ, NX y NY.

Figura 19. Software Sysmac Studio

Una vez abierto Sysmac Studio se procede a crear un nuevo proyecto donde se colocan los datos del proyecto, además la selección del dispositivo como se muestra en la figura 20.

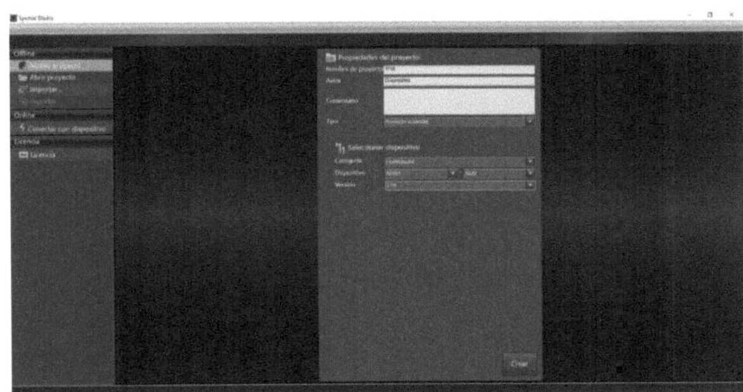

Figura 20.Nuevo proyecto en Sysmac Studio.

La estructura de comunicación será Maestro – Esclavo donde el maestro será el PLC NJ-101-1020 y un bastidor de entradas y salidas remotas EtherCat NX-ECC203 con 3 módulos de entradas digitales y dos módulos de salidas digitales a (+) 24VDC como se muestra en la figura 21.

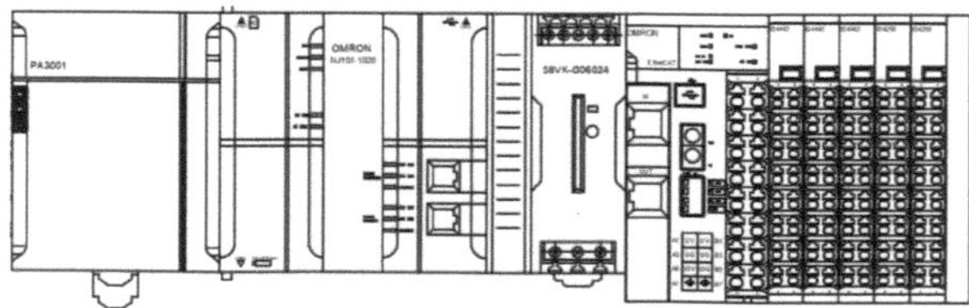

Figura 21.Disposición del hardware de PLC NJ-101-1020

Una vez creado el nuevo proyecto y sabiendo la disposición del hardware es necesario configurarlo en Sysmac Studio para lo cual hay que dirigirse a la sección izquierda de la pantalla principal donde se muestra *Configuración y ajustes,* hacer clic en EtherCat ya que debemos agregar los módulos de entrada y salida.

Para el dispositivo maestro se puede configurar ciertos parámetros, este caso se mantendrá la configuración por defecto como se muestra en la figura 22.

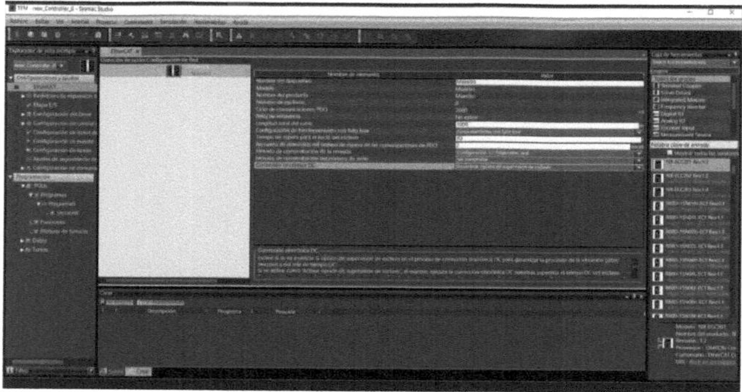

Figura 22. Parámetros del dispositivo maestro.

Para agregar el esclavo NX-ECC203 nos dirigimos a la parte derecha de la pantalla donde se listan todos los dispositivos compatibles con el PLC NJ-101-1020, haciendo doble clic sobre el dispositivo deseado este se agregará y mostrará sus parámetros de configuración.

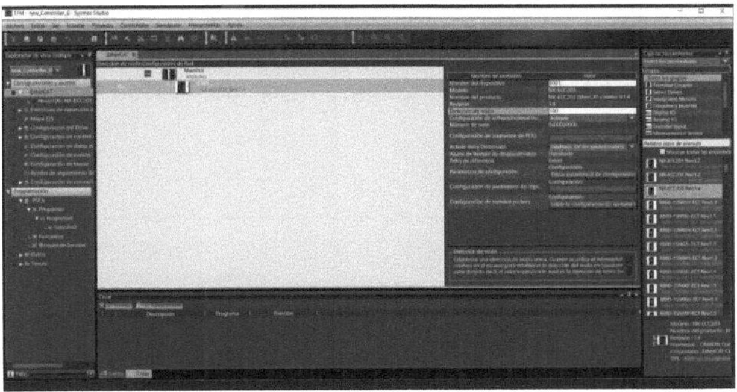

Figura 23. Parámetros del dispositivo esclavo.

De la figura 23 vale recalcar el parámetro donde indica la dirección del nodo, en este caso es el nodo 100, es importante tomar en cuenta este parámetro debido a que puede generar un conflicto o falta de comunicación si es incorrecto, para esta aplicación se definió el nodo 100 mediante lo Rotary Switches y Dip-Switch que posee el módulo NX-ECC301 como se muestra en la tabla 35.

Rotary Switches	DIP Switches
Los interruptores giratorios se usan para configurar la dirección de nodo del EtherCAT Slave Terminal en red EtherCAT. Establecen la dirección del nodo como el dígito 10s y el dígito 1s del valor decimal. El rango de configuración es de 00 a 99. (La configuración de fábrica es 00).	Si activa el pin 4 en el interruptor DIP, se agregará ´00 a la dirección del nodo que está configurada en los interruptores giratorios. Los otros pines están reservados por el sistema.
Manteniendo los Rotary Switch en las posiciones 0 y el DIP Switch 4 en la posición ON la dirección del nodo será la 100	

Tabla 35. Asignación del nodo EtherCat [5]

Una vez asignada la dirección del nodo esclavo se procede a añadir las tarjetas de entradas y salidas de éste como se muestra en la figura 24, de igual manera hay ciertos parámetros de configuración para cada tarjeta, se deja los valores por defecto.

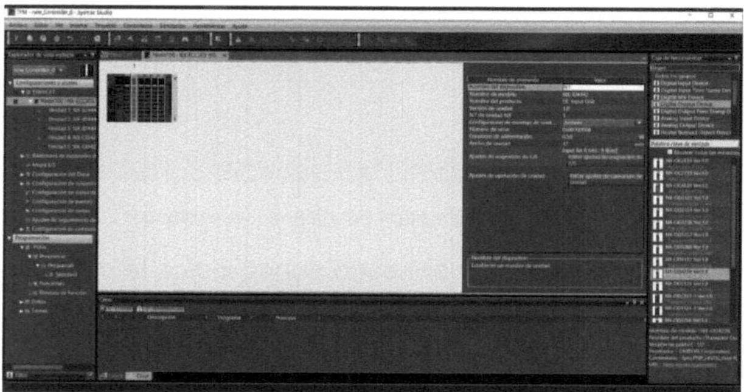

Figura 24. Bastidor EtherCat con módulos de entradas y salidas digitales

Podemos observar que en la sección de Mapa E/S se muestra las entradas y salidas disponibles del maestro PLC NJ-101-1020 y del esclavo NX-ECC203, se pueden crear variables automáticamente o de acuerdo a lo que quiera el usuario como se muestran en las figuras 25 y 26 respectivamente.

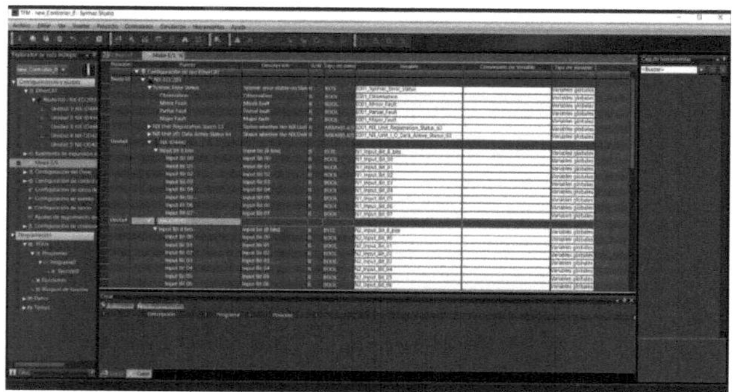

Figura 25.Creación de variables automáticas

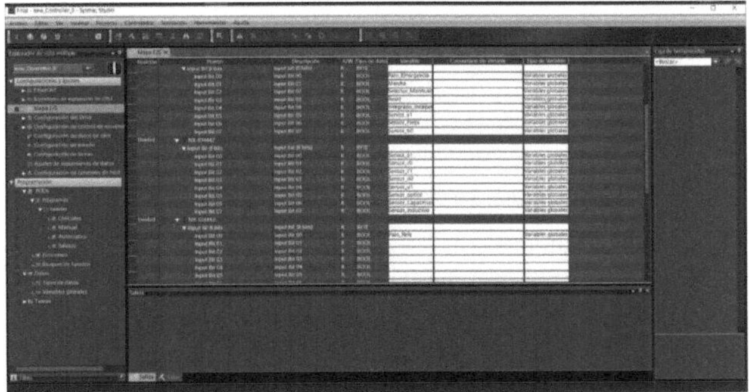

Figura 26. Creación de variables de determinadas por el usuario

Con los puntos antes mencionados se procede con la programación del PLC NJ-101-1020, el código se encuentra en el Anexo 1.

3.2.2. Relé PNOZ mB0

El relé de seguridad PNOZ mB0 es el dispositivo encargado del control de la seguridad de la Estación 1 el mismo que se programa en el lenguaje de bloques Multi mediante el software PNOZmulti Configurator v10.5.0, el mapeo de entradas y salidas se muestra en la tabla.

A1		
Conector	Dirección	Descripción
X1	I8	Interruptor Puerta Magnética 2 canal 1
X1	I9	Interruptor Puerta Magnética 2 canal 2
X1	I10	Estado de interruptor de Puerta magnética 2
X1	I11	Detección elevador nivel alto canal 1
X1	I12	Detección elevador nivel alto canal 2
X1	I13	Estado de elevador nivel alto

X1	I14	Detección elevador nivel bajo canal 1
X1	I15	Detección elevador nivel bajo canal 2
X2	T0	Tacto T0
X2	T1	Tacto T1
X2	T2	Tacto T2
X2	T3	Tacto T3
X2	O0	Activación Lámpara Muting
X2	O1	Interruptor magnético puerta 1
X2	O2	Interruptor magnético puerta 2
X2	O3	Control Válvula de aire
X3	IM0	Parada de emergencia canal 1
X3	IM1	Parada de emergencia canal 2
X3	IM2	Rearme
X3	IM3	Barrera fotoeléctrica zona de carga canal 1
X3	I4	Barrera fotoeléctrica zona de carga canal 2
X3	I5	Interruptor Puerta Magnética 1 canal 1
X3	I6	Interruptor Puerta Magnética 1 canal 2
X3	I7	Estado de interruptor de Puerta magnética 1
X4	IM16	Estado de elevador nivel bajo
X4	IM17	
X4	IM18	Barrera fotoeléctrica zona de salida canal 1
X4	IM19	Barrera fotoeléctrica zona de salida canal 2
X4	A1	
X4	A2	
X4	0V	
X4	24V	
A2		
X3	I0	Sensor muting 1
X3	I1	Sensor muting 2

X3	I2	Lámpara Muting
X3	I3	Lámpara Muting
X1	I4	Estado Estación 1
X1	I5	Libre
X1	I6	Libre
X1	I7	Libre
X2	O0	Paro estación PLC
X2	O1	Libre
X2	O2	Libre
X2	O3	Libre
X4	nc	
X4	nc	
X4	0V	
X4	24V	

Tabla 36. Mapeo de E/S relé PNOZ multi mB0

Como primer paso para realizar la programación del relé es necesario realizar la configuración del hardware por medio del software PNOZmulti Configurator.

Figura 27.Software PNOZmulti Configurator.

La disposición de Hardware se muestra en la figura 28, que comprende el módulo base PNOZ mB0, 2 módulos de E/S digitales y 1 módulo de comunicación Ethernet.

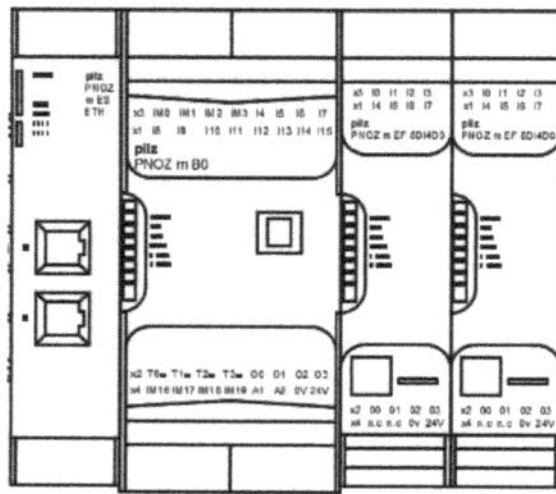

Figura 28. Disposición de Hardware PNOZmulti mB0

Una vez abierto PNOZmulti Configurator se procede a crear un nuevo proyecto, en la sección Módulos se elige el dispositivo base PNOZ m B0 y haciendo doble clic se agrega a la Vista general de Configuración de Hardware y la sección de Módulos aparecerán los elementos disponibles para el dispositivo base seleccionado como se muestra en la figura 29.

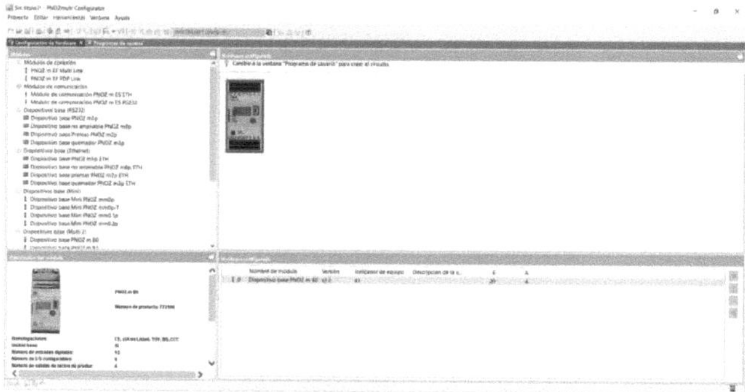

Figura 29. Nuevo proyecto y selección del dispositivo base

De acuerdo con la disponibilidad de hardware se procede a agregar cada elemento, para esta aplicación es necesario 2 módulos de salida por semiconductor PNOZ m EF 8DI4DO y un módulo de comunicación Ethernet PNOZ m ES ETH como se muestra en la figura 30.

Figura 30. Bastidor PNOZ m B0

Una vez agregados el hardware necesario se procede a guardar el proyecto para lo cual nos pedirá 3 claves por nivel de acceso de usuario, las descripciones de cada nivel se muestran en la tabla 37.

Nivel 1	Nivel 2	Nivel 3
Abre el proyecto guardado y habilita todas las funciones de edición que se utilizarán.	Abre el proyecto guardado y no permite que se modifique el proyecto. El proyecto solo se puede ver.	Permite cambios posteriores a los valores en las siguientes ventanas: -Configure rotary cam arrangement -Configure speed monitor -Configure speed monitor

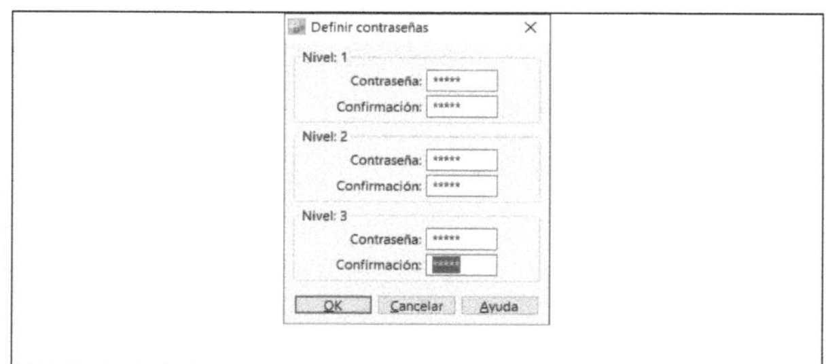

Tabla 37. Niveles de acceso de usuario PNOZmulti Configurator

El código del programa implementado en el relé PNOZ mB0 se muestra en el anexo 2.

3.2.3. PLC PSSu FS SN SD

El controlador lógico programable PSSu FS SN SD tiene la capacidad de controlar la secuencia lógica de la estación y además el control de la seguridad ya que posee dos recursos independientes dedicados a estas tareas. Por tanto, el mapeo de entradas y salidas será para sensores y actuadores estándar como para los sensores de seguridad, las tablas 38,39 muestra el mapeo de entradas y salidas estándar de la Estación 1.

Función	Conector	Slot
Botón Paro de emergencia	11	10
Botón Marcha	21	
Selector Manual/Automático	14	
Botón Reset	24	
Estado de paro automático	11	11
Sensor a1 del cilindro A	21	
Sensor Presencia de pieza	14	
Sensor b0 del cilindro B	24	
Sensor b1 del cilindro B	11	12
Sensor c0 del cilindro C	21	
Sensor c1 del cilindro C	14	

Sensor d0 del cilindro D	24	
Sensor d1 del cilindro D	11	
Sensor óptico	21	3
Sensor Capacitivo	14	
Sensor Inductivo	24	

Tabla 38. Mapeo entradas estándar del PLC PSSu FS SN SD.

Función	Conector	Slot
Extender vástago cilindro A	11	
Recoger vástago cilindro A	21	15
Giro horario cilindro B	14	
Giro anti-horario cilindro B	24	
Extender vástago cilindro C (simple efecto)	11	
Posición alto del ascensor cilindro D	21	16
Posición bajo del ascensor cilindro D	14	
Activa ventosa E (simple efecto)	24	
Activa el motor de la cinta transportadora	11	
Activa la válvula de aire de la Estación 1	21	17
Luz piloto de alarma de pieza	14	
Estado de la estación	24	
Libre	11	
Libre	21	18
Libre	14	
Libre	24	

Tabla 39. Mapeo de salidas estándar del PLC PSSu FS SN SD

El mapeo de entradas y salidas seguras se muestran en las tablas 40 y 41 respectivamente.

Descripción	Conector	Slot
Interruptor Puerta Magnética 2 canal 1	11	
Interruptor Puerta Magnética 2 canal 2	21	
Estado de interruptor de Puerta magnética 2	14	0
Detección elevador nivel alto canal 1	24	
Detección elevador nivel alto canal 2	11	
Estado de elevador nivel alto	21	
Detección elevador nivel bajo canal 1	14	1
Detección elevador nivel bajo canal 2	24	
Parada de emergencia canal 1	11	
Parada de emergencia canal 2	21	
Rearme	14	2
Barrera fotoeléctrica zona de carga canal 1	24	
Barrera fotoeléctrica zona de carga canal 2	11	
Interruptor Puerta Magnética 1 canal 1	21	
Interruptor Puerta Magnética 1 canal 2	14	3
Estado de interruptor de Puerta magnética 1	24	
Estado de elevador nivel bajo	11	
Barrera fotoeléctrica zona de salida canal 1	21	
Barrera fotoeléctrica zona de salida canal 2	14	4
Sensor muting 1	24	
Sensor muting 2	11	
Lámpara Muting	21	
Lámpara Muting	14	5
Estado Estación 1	24	

Tabla 40. Mapeo entradas de seguridad PSSu FS SN SD

Descripción	Conector	Slot
Activación Lámpara Muting	11	
Interruptor magnético puerta 1	21	8
Interruptor magnético puerta 2	14	
Control Válvula de aire	24	
Paro estación PLC	11	
Libre	21	9
Libre	14	
Libre	24	

Tabla 41. Mapeo salidas de seguridad PSSu FS SN SD

La configuración del hardware del PSSu se realiza mediante el software PAS4000 versión 1.17.0.

Figura 31. Software PAS4000.

La disposición de hardware se compone de la unidad PSSu PLC, 7 módulos de entradas digitales tipos FS, 4 módulos de salidas dicitales FS, 4 módulos de entradas digitales ST, 4 módulos de salidas digitales ST y 2 fuentes de potencia FS PS como se muestra en la figura 32.

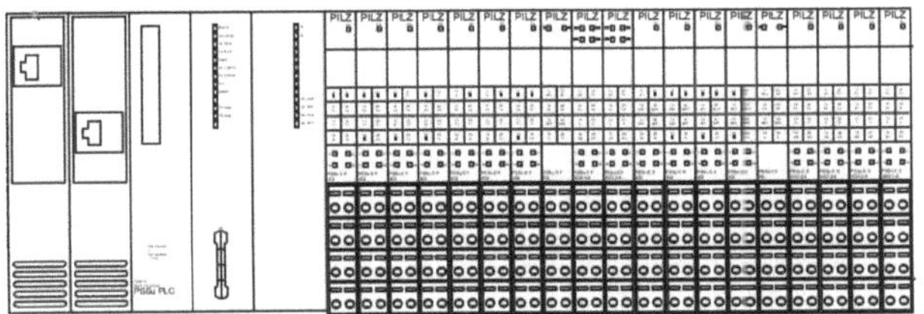

Figura 32. Disposición de hardware PLC PSSu

Se procede a crear un nuevo proyecto donde nos aparecerá los datos generales del proyecto como también el permiso de acceso al usuario donde es necesario introducción una contraseña para el usuario.

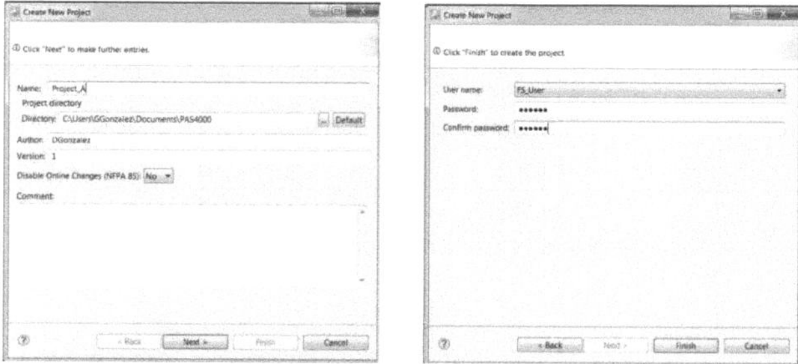

Figura 33. Nuevo proyecto en PAS4000.

Con el proyecto creado en la sección *Project Manager* dar clic derecho sobre *Hardware configuration* y luego clic en *New/Device* como muestra la figura 34.

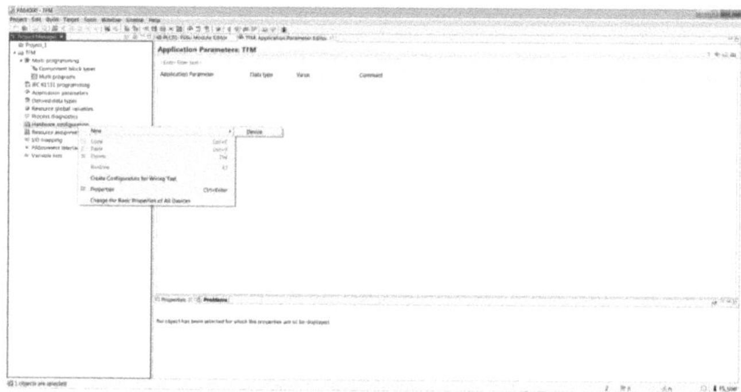

Figura 34. Nuevo dispositivo en PAS4000.

Para configurar el dispositivo es necesario llenar los parámetros que se muestran en la figura 35, los datos solicitados por el software pueden ser verificados físicamente en la carcasa del PLC y sus módulos de entrada y salida.

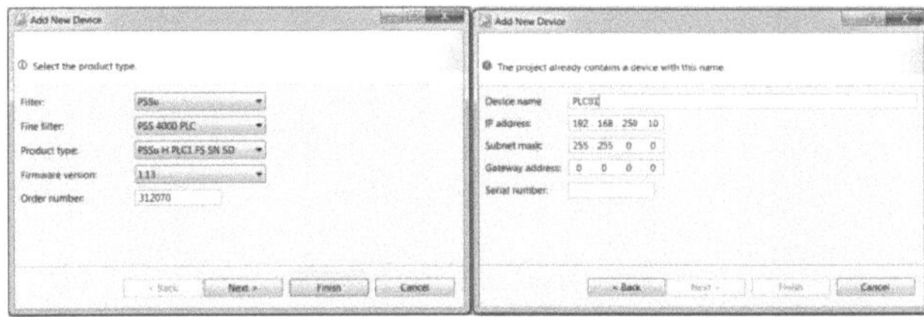

Figura 35. Configuración del PLC PSSu.

Para agregar los módulos de acuerdo con la disponibilidad de hardware se procede a hacer doble clic sobre el módulo deseado en la sección *Palette* o a su vez arrastrarlo al *Module Editor* como se muestra en la figura 36.

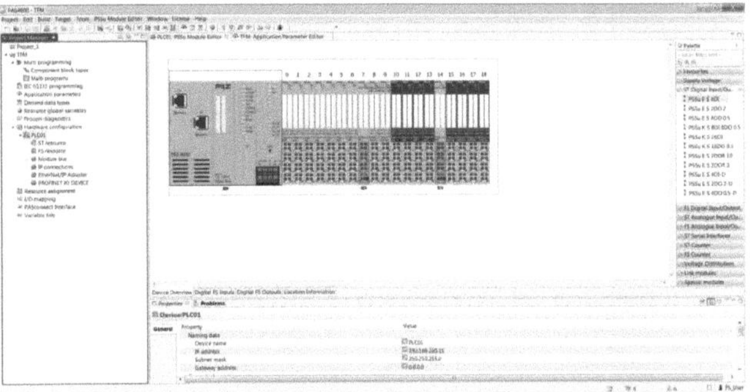

Figura 36. Agregar módulo de acuerdo con la disposición del hardware.

Para usar las entradas digitales tipo FS como entradas s n tacto es necesario configurar las entradas digitales en la sección *Digital FS Input* y ponerlas todas a 24VDC como se muestra en la figura 37.

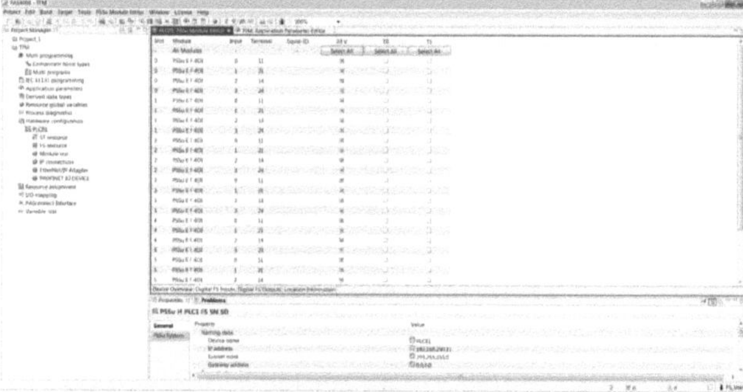

Figura 37. Configuración de entradas seguras sin tacto.

Una vez definido los módulos de entrada y salida se proceden con la programación del controlador lógico programable, el código del programa se muestra en el anexo 3.

3.2.4. Interfaz Hombre – Maquina

Para la programación de la interfaz Hombre – Maquina se utilizó el software Cx-Supervisor en el cual se han diseñado dos pantallas informativas, 3 pantallas funcionales para los modos Manual, Automático y Producción, además de una pantalla de Datos para la lectura de la Base de Datos fila a fila.

Las pantallas informativas pretenden describir el título del proyecto y la funcionalidad de la Estación 1, la figura 38 muestra las dos pantallas informativas.

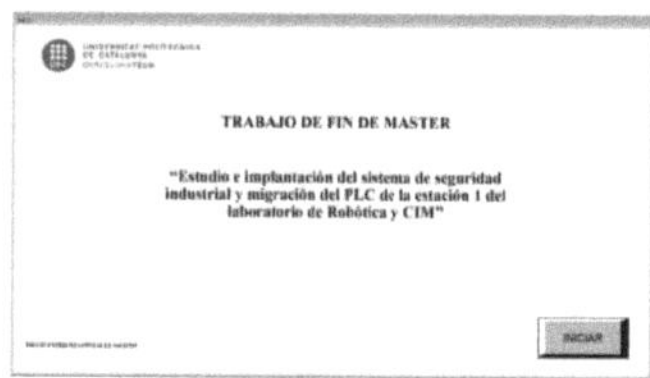

Figura 38. Pantallas informativas del HMI

Modo Manual: En el modo manual el operario podrá realizar el movimiento de los actuadores individualmente siguiendo la secuencia lógica de movimiento cada vez que se presione el botón Marcha sin discriminar el tipo de pieza y se detendrá presionando el botón Paro el cual desactiva el aire y la banda transportadora.

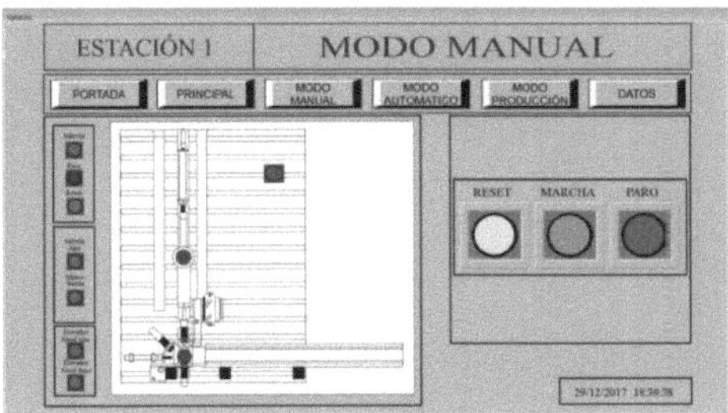

Figura 39. Pantallas Modo Manual

Modo Automático: En el Modo Automático se realizará la secuencia lógica de movimiento al presionar una sola vez el botón Marcha sin discriminar el tipo de pieza y se detendrá presionando el botón Paro el cual desactiva el aire y la banda transportadora.

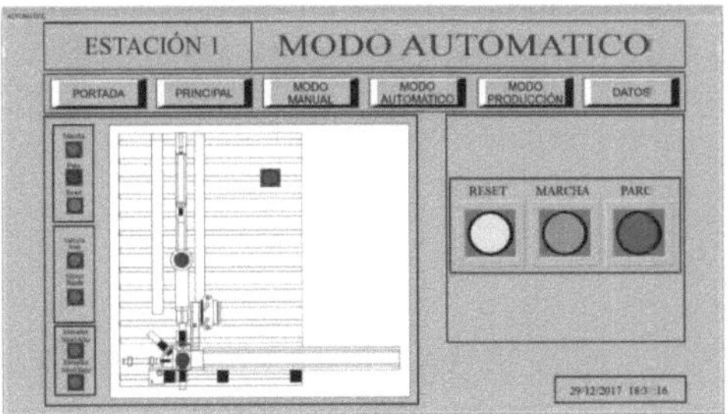

Figura 40. Pantallas Modo Manual

Modo Producción: En el Modo Producción será necesario introducir la cantidad de piezas rojas y metálicas que se desea producir, la secuencia iniciará una vez presionado el botón Marcha y realizará la secuencia en forma automática hasta cumplir con la producción establecida, la secuencia se puede detener en cualquier momento presionando el botón Paro, además este modo

es el encargado de enviar los datos a la Base de Datos, estos datos serán
enviados cada vez que se presione el botón Marcha.

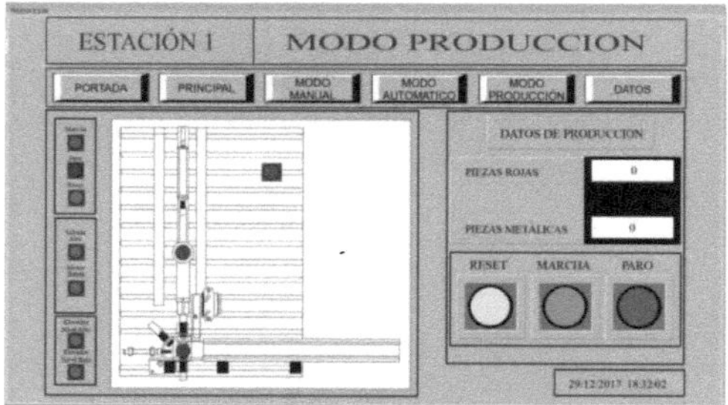

Figura 41. Pantallas Modo Producción.

La pantalla Datos representa los datos fila a fila de la Tabla_Produccion de la
Base de Datos NJDB creada en SQL Server.

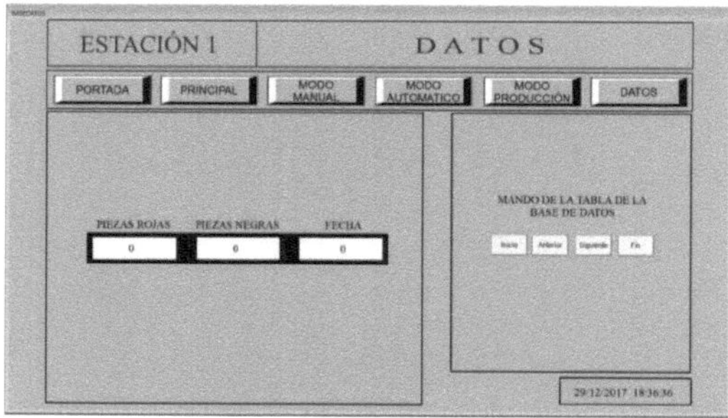

Figura 42. Pantalla Datos

3.3. Configuración de comunicaciones

La configuración de software comprende establecer la comunicación entre los
diferentes dispositivos, en la tabla 42 se muestra la asignación de las
direcciones IP's además, la red y protocolo usado para cada dispositivo.

Dispositivo	Dirección	Red/Protocolo
PLC NJ101-1020	192.168.250.1	Ethernet/IP
PC(Ordenador)	192.168.250.2	Ethernet/IP
NX-ECC203	192.168.250.100	EtherCAT
PSSu FS SN SD	192.168.250.10	Ethernet/IP
PNOZmulti mB0		Serial

Tabla 42. Direcciones de red de dispositivos.

3.3.1. Configuración de la dirección IP de la PC (ordenador)

Para realizar la configuración de la dirección IP de la PC es necesario acceder a la configuración del adaptador de red y modificarla como se muestra en la figura 43.

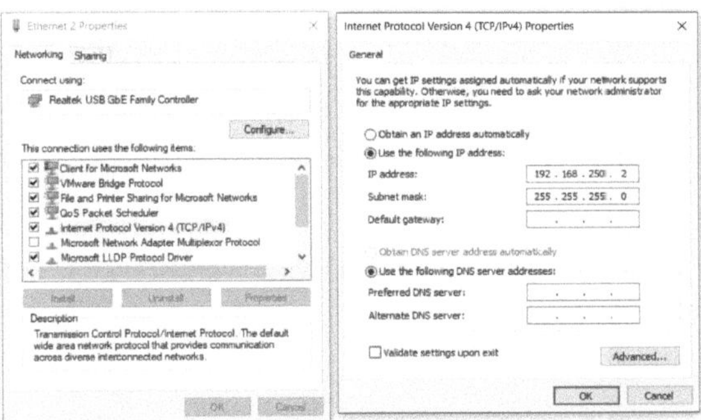

Figura 43. Dirección IP de la PC (ordenador)

3.3.2. PLC NJ-101-1020

Para realizar la configuración de la dirección IP de los dispositivos de Omron que utilizan el protocolo de comunicación Ethernet/IP se usa la herramienta *Network Configurator* que se encuentra dentro de la siguiente ruta, como se puede ver en la figura 44.

C:\ProgramData\Omron\Sysmac Studio\StartMenu\Sysmac Studio\Network Configurator for EtherNetIP

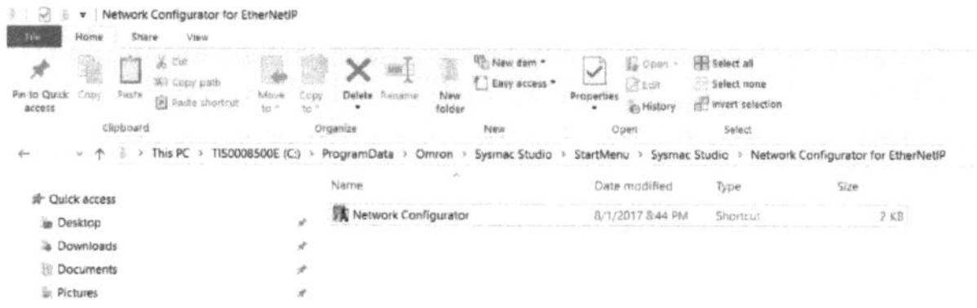

Figura 44. Ruta de acceso a Network Configurator

Una vez abierta la herramienta *Network Configurator* hacer clic en el menú *Options/Select Intrface* y elegir *Ethernet I/F* como se muestra en la figura 45.

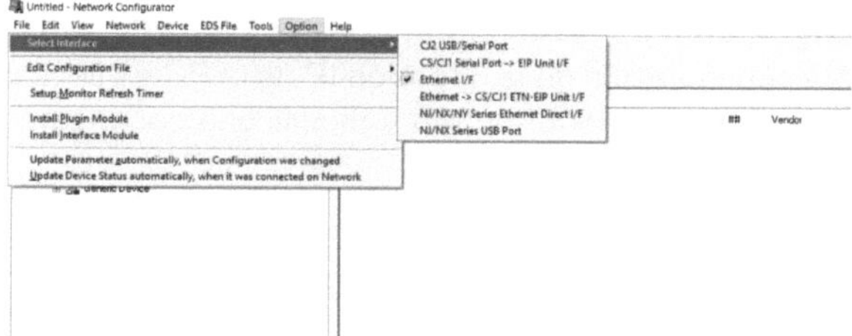

Figura 45. Selección de interfaz en Network configurator

Para conectar la red se debe acceder al menú *Network* y dar clic en *Connect*, como se muestra en la figura 46.

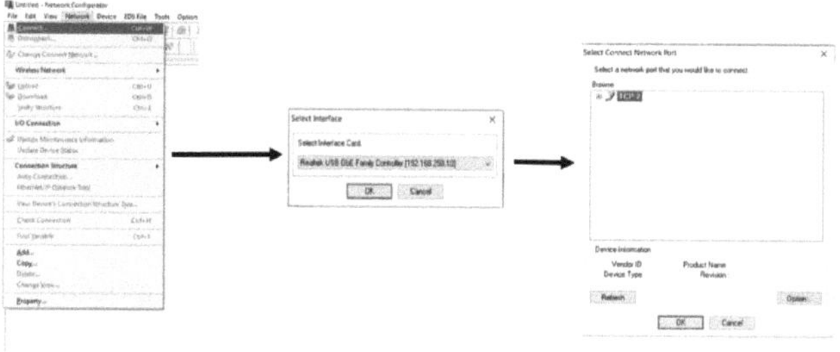

Figura 46. Conexión a red - Network Configurator

La conexión se ha establecido, pero no aparecerá ningún dispositivo en la sección Ethernet/IP si el dispositivo   no ha sido previamente configurado para lo cual es necesario agregar el dispositivo PLC NJ 101-1020.

Figura 47. Asignación de la dirección IP PLC NJ-101.

Para cambiar la dirección IP hacer clic derecho sobre el dispositivo y luego en *Change Node Address*.

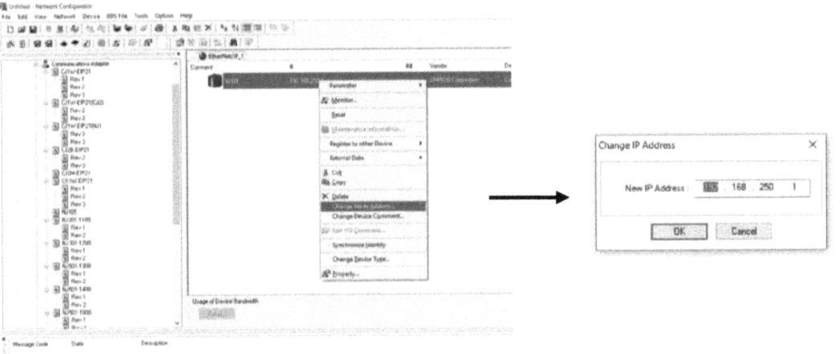

Figura 48. Cambio de dirección IP del PLC NJ-101-1020.

Es necesario reiniciar el controlador para que la nueva configuración sea aplicada, después de hacerlo se puede verificar la dirección del dispositivo con la herramienta Network Browser. Es aconsejable seleccionar el método de búsqueda *Ethernet Hub Connection* ya que el *Direct Ethernet Connection* en ciertas ocasiones no se comunica.

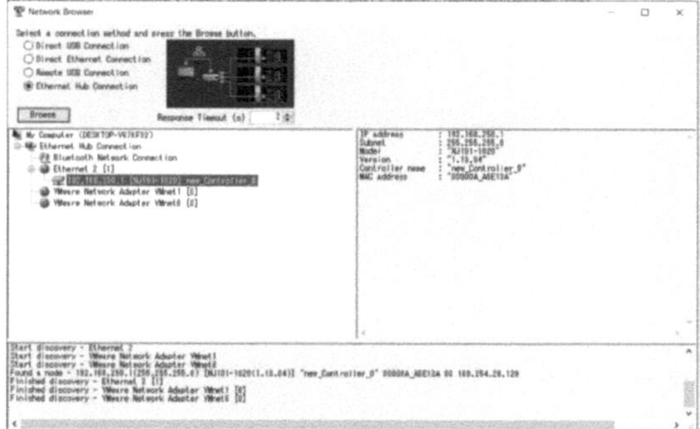

Figura 49. Verificación de conexión con Network Browser.

3.3.3. Relé PNOZ mB0

La comunicación del relé de seguridad se realiza mediante puerto Serial haciendo clic en *Online* del menú *PNOZmulti* como se muestra en la figura 50.

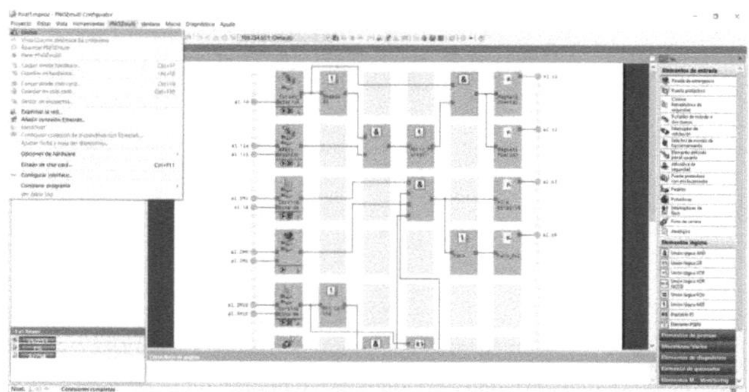

Figura 50. Comunicación Online Relé PNOZ mB0.

Una vez establecida la comunicación para descargar el programa se debe hacer clic en guardar el Hardware como se muestra en la figura 51.

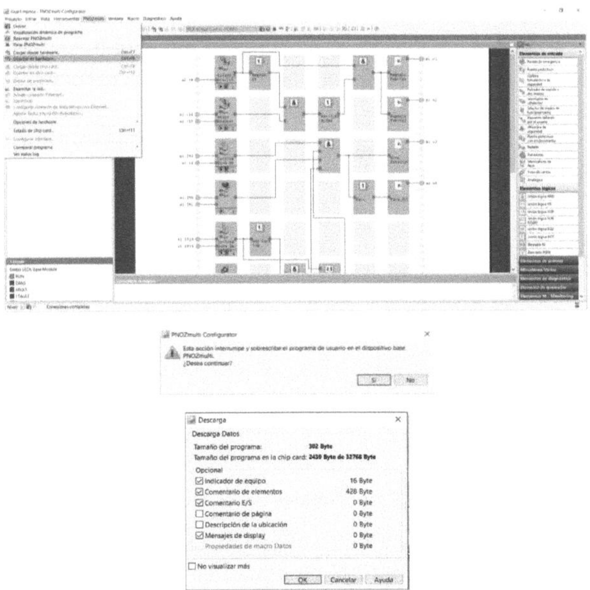

Figura 51. Cargar programa al relé PNOZ mB0

Una vez descargado el programa en el relé de seguridad se puede comprobar su funcionalidad haciendo clic en *Visualizar dinámica del programa* del menú PNOZmulti como se muestra en la figura 52.

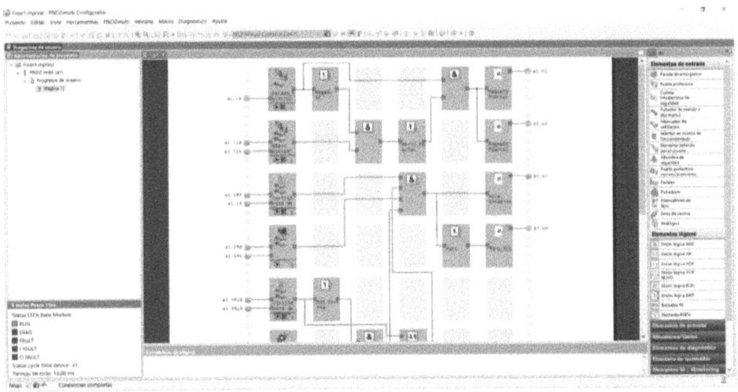

Figura 52. Visualización dinámica del programa.

3.3.4. PLC PSSu FS SN SD

Para realizar la comunicación con el PLC PSSu hay que hacer clic en el ícono
Online Network Editor como se muestra en la figura 53 o mediante el menú
Tools.

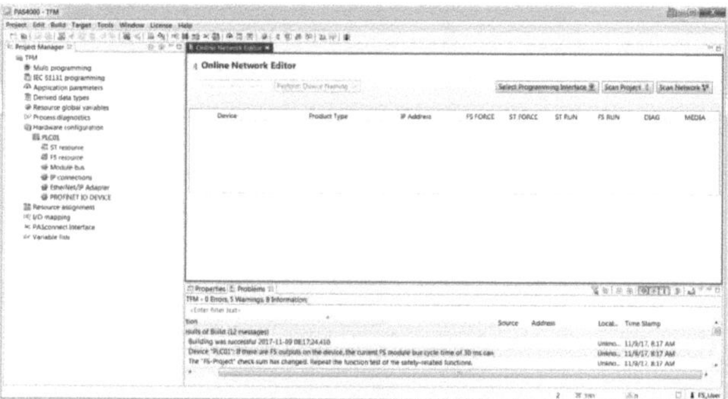

Figura 53. Online Network Editor de PAS4000.

Posteriormente programar la interfaz mediante la elección del adaptador de
red por la que se conectará el PLC en este caso es una tarjeta de red USB-
RJ45 tipo Conexión de área local correspondiente a la dirección IP del
ordenador, como se muestra en la figura 54.

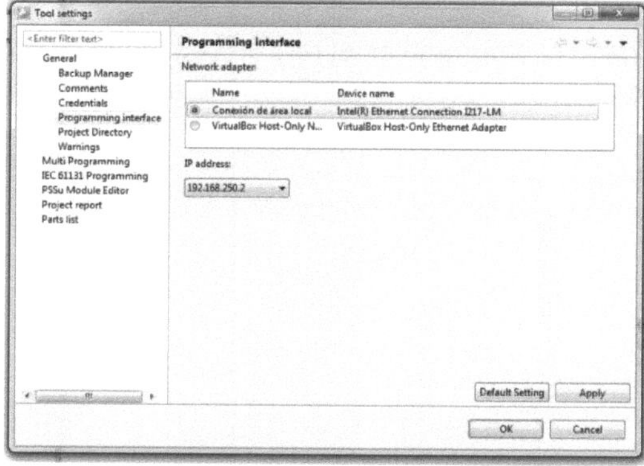

Figura 54. Programación de interfaz PLS PSS FS SN SD.

El software escanea la red haciendo clic en *Scan Network* donde aparecerán
los dispositivos conectados a ésta como se muestra en la figura 55.

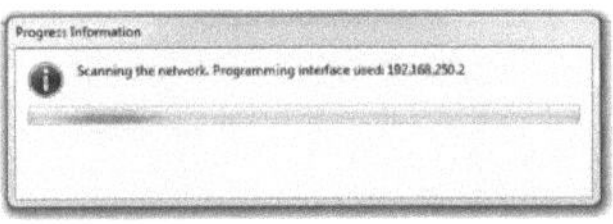

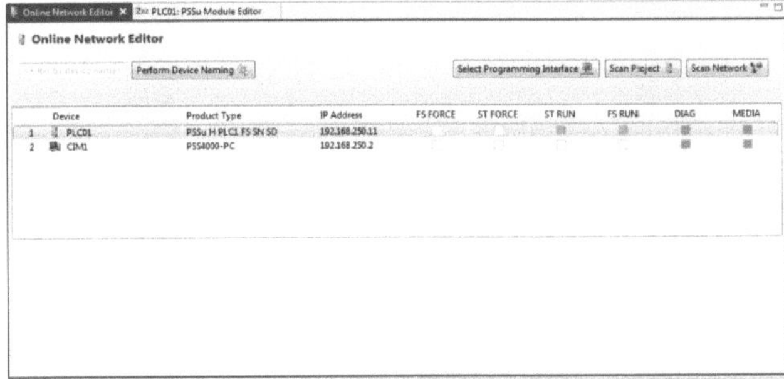

Figura 55. Dispositivos conectados a la interfaz.

Para cambiar la dirección IP de acuerdo con la configuración que se
estableció al momento de crear el nuevo proyecto es necesario hacer clic en
Perform Device Naming, como se muestra en la figura 56.

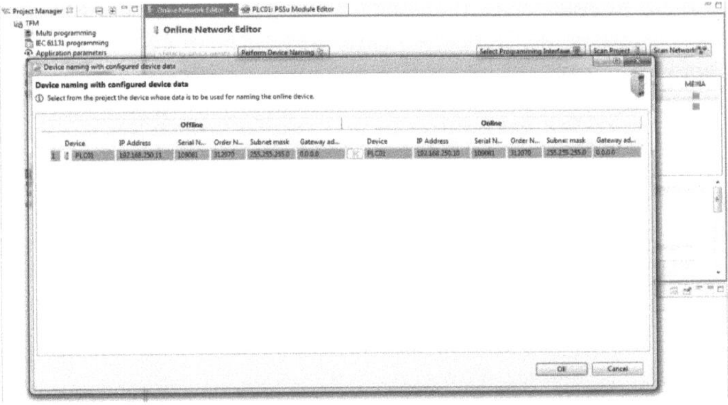

Figura 56. Cambio de IP del PLC PSSu FS SN SD.

Para verificar que la IP ha cambiado su dirección se procede a hacer clic
nuevamente en *Scan Network* como se muestra en la figura 57.

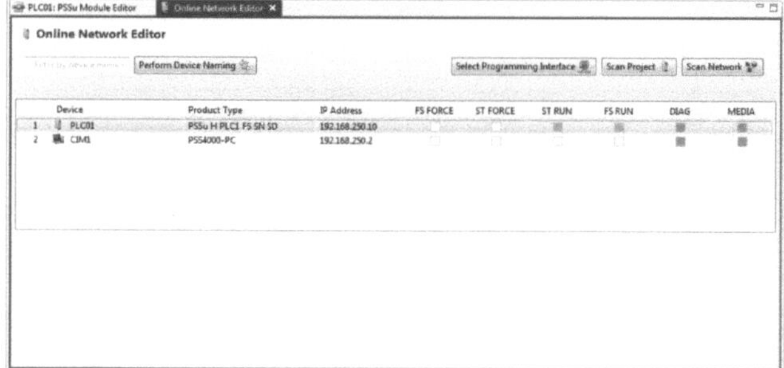

Figura 57. Verificación del cambio de dirección IP - PSSu FS SN SD.

3.3.5. Comunicación con la Base de Datos

Para establecer la comunicación con la Base de Datos entre el PLC NJ-101-1020 y un servidor Microsoft SQL es necesario configurar el software de Microsoft SQL 2014 Management Studio y configurar la conexión a la base de datos en Sysmac Studio.

Microsoft SQL 2014 Management Studio

El primer paso es realizar la instalación completa del servidor Microsoft SQL 2014 con el fin de tener disponibles todas sus características, se recomienda generar la clave para el usuario "sa" al momento de instalar el software ya que así se podrá crear y dar permisos a usuarios según las necesidades.

Una vez instalado el software se procede a ingresar con el usuario "sa" y la clave establecida al momento de la instalación como se muestra en la figura 58.

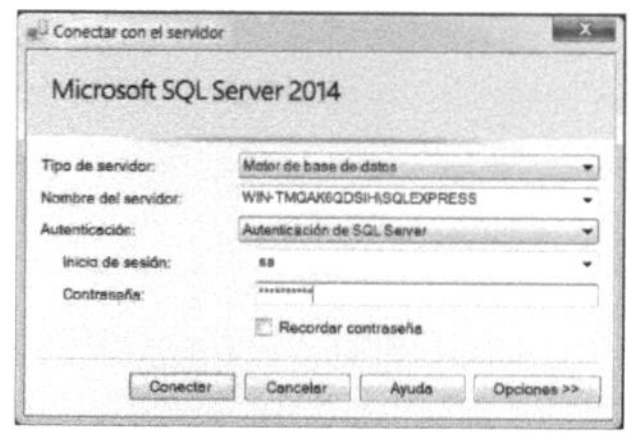

Figura 58. Ingreso al servidor Microsoft SQL 2014

Una vez ingresado se procede a crear un nuevo usuario denominado "NJuser"
como se muestra en la figura 59.

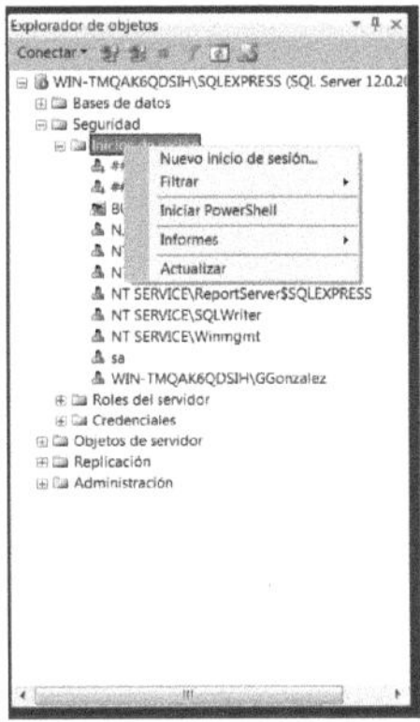

Figura 59. Creación de nuevo usuario.

Las propiedades del nuevo usuario se definen de acuerdo con la figura 60,
donde se muestra los permisos y roles del servidor del usuario.

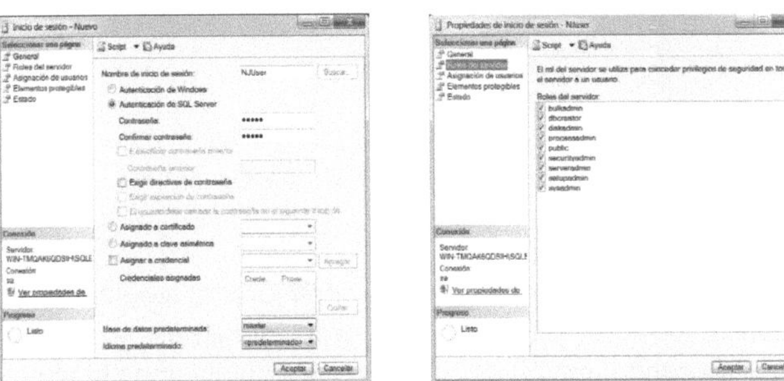

Figura 60. Propiedades generales y roles de servidor.

Una vez creado el nuevo usuario se procede a ingresar con este al Servidor
SQL para posteriormente crear la base de datos denominada "NJDB" como se
muestra en la figura 61.

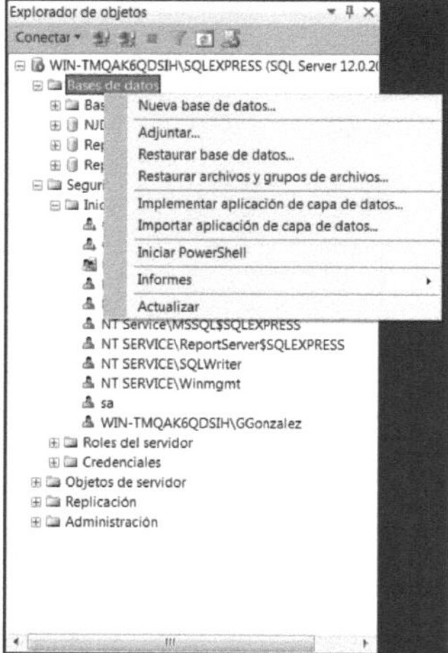

Figura 61. Creación de una nueva base de datos

La base de datos estará conformada por una sola tabla denominada
"Tabla_Produccion" donde se registrará la cantidad de piezas rojas, piezas
metálicas, y la fecha de producción. La figura 62 muestra la estructura de la
tabla.

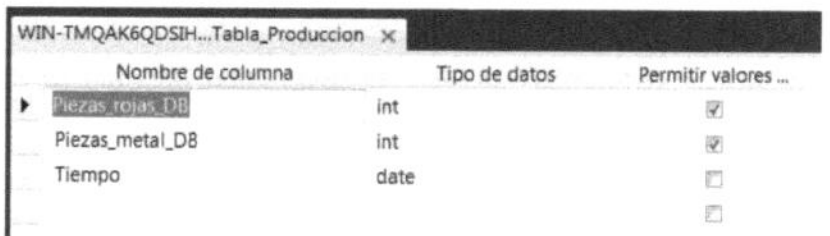

Figura 62. Estructura de Tabla_Producción.

Con la base de datos creada es necesario configurar el servidor SQL para que
permita acceso remoto para lo cual nos dirigimos a la herramienta
Administrador de configuración de SQL Server y habilitamos el acceso TCP/IP
como se muestra en la figura 63.

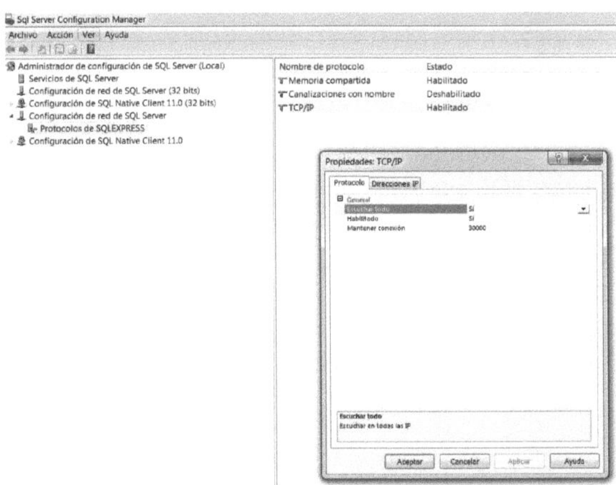

Figura 63. Habilitación del acceso TCP/IP para SQL Server.

En la pestaña Direcciones IP es necesario configurar la dirección donde se encuentra el Servidor SQL, en este caso 192.168.250.2. Es importante establecer la misma dirección tanto en IP1 como en IP2 y además establecer el puerto por donde realizará la comunicación como se muestra en la figura 64.

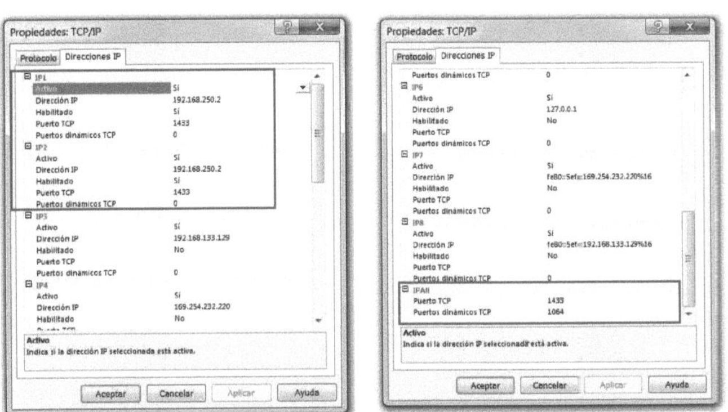

Figura 64. Estableciendo direcciones IP del SQL Server

El puerto de comunicación Microsoft SQL Server es el 1433, para evitar problemas de comunicación es recomendable agregar las exclusiones en el Firewall de Windows o a su vez desactivarlo.

Para que las configuraciones antes realizadas surtan efecto es necesario reiniciar el Servidor SQL para lo cual hay que dirigirse a Servicios de SQL Server y dar clic derecho sobre SQL Server detenerlo y luego iniciarlo nuevamente como se muestra en la figura 65.

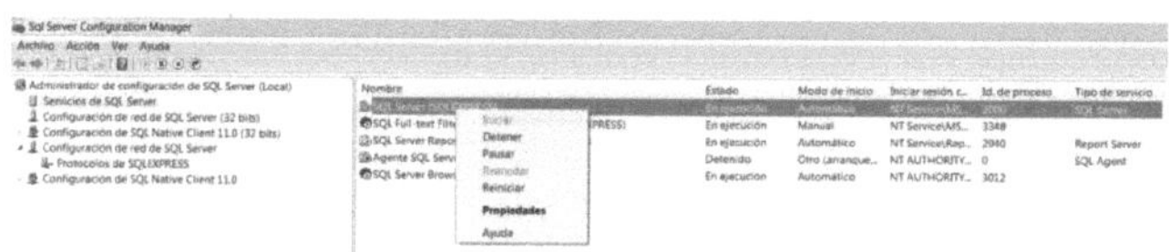

Figura 65. Reinicio de SQL Server

CONFIGURACIÓN SYSMAC STUDIO

Para la configuración de la conexión a la Base de Datos es necesario dirigirnos a configuración de conexión de host, en la pestaña *Configuración de servicio de conexión DB* se dejará la configuración por defecto como se muestra en la figura 66.

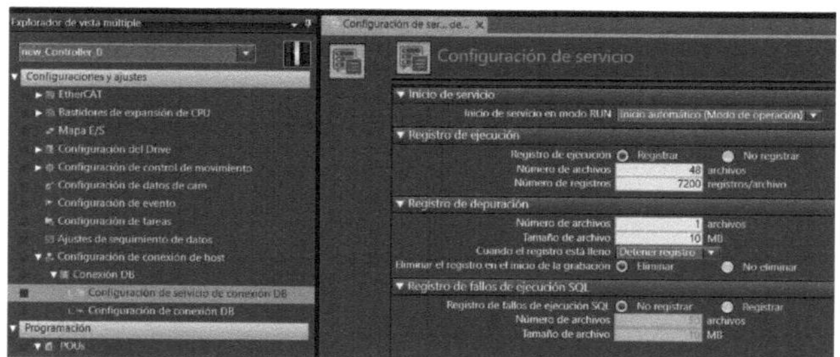

Figura 66. Configuración de servicio de conexión DB

En *Configuración de conexión DB* hacer clic derecho y añadir una nueva configuración de conexión DB e introducir los parámetros de acuerdo con figura 67.

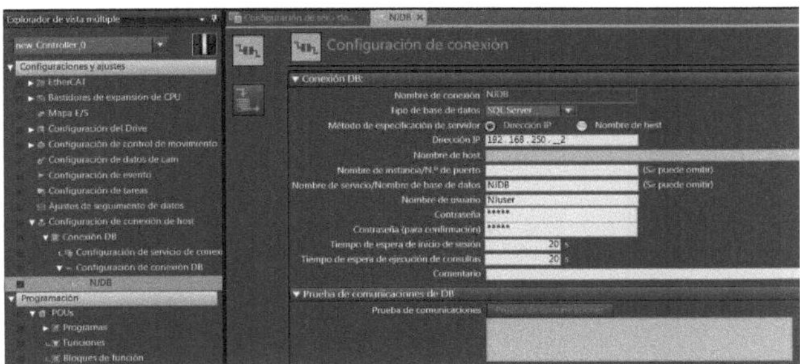

Figura 67. Configuración de conexión DB

3.4. Diseño del armario de control

Para el diseño del armario del control se han tomado en cuenta las disposiciones de espacio y ubicación de acuerdo con la hoja de especificaciones técnicas, en la figura 68 se muestra el Layout de la disposición de cada dispositivo de control y demás elementos necesarios para el correcto funcionamiento de la Estación 1.

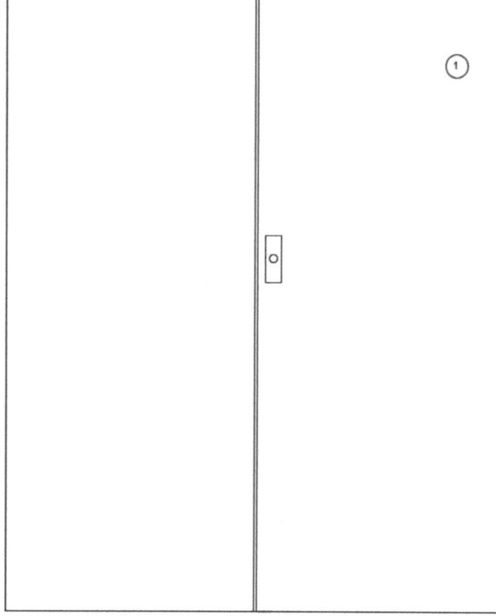
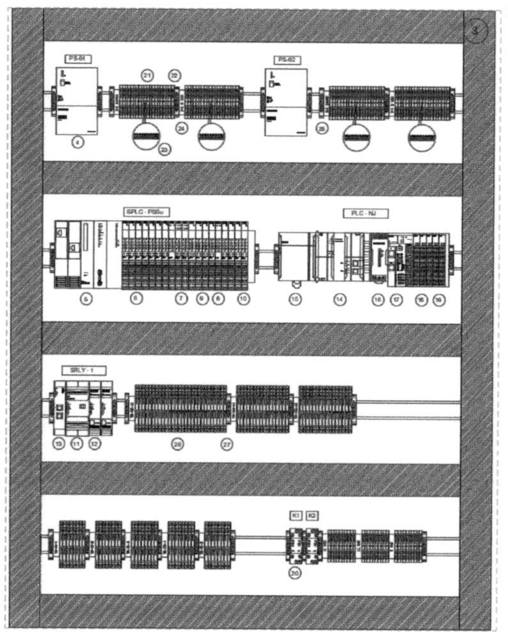

Figura 68. Layout del tablero de control.

La lista de materiales del tablero de control se muestra en la tabla 43.

ITEM	QTY	DESCRIPTION	Part number	Brand
1	1	Compact enclosures AE, 1200x1000x300 (HxWxD)mm	1213.500	Rittal
2	1	Back panel 940x1155 to Rittal 1213500	-	Rittal
3	4	Slotted Gutters 60x602000mm	-	-
4	2	Power Supply In 220VAC Out 24VDC	6EP1333-16L11	Siemens
5	1	Safety PSSu PLC	PSSu FS SN SD	Pilz
6	7	Digital Input with FailSafe function	PSSu E F 4DI	Pilz
7	2	Digital Output with FailSafe function	PSSu E F 4DO 0.5	Pilz
8	2	Power Supply 24VDC	PSSu E F PS	Pilz
9	4	Digital Input standar	PSSu E S 4DI	Pilz
10	4	Digital Output standar	PSSu E S 4DO 0.5	Pilz
11	1	Safety Relay	PNOZ mB0	Pilz
12	2	Auxiliar I/O to Safety relay	PNOZ m EF 8DI4DO	Pilz
13	1	Ethernet module to Safety Relay	PNOZ m ES ETH	Pilz
14	1	Programmer Logic Controller	NJ-101-1020	Omron
15	1	Power supply to NJ controller	PA3001	Omron
16	1	Powe supply to EtherCat	S8VK-G06024	Omron
17	1	Remote module EtherCat	ECC203	Omron
18	3	Digital Input	ID4442	Omron
19	2	Digital Output	OD4256	Omron

20	2	Relay coil 24 VDC 1NO/1NC	-	-
21	70	Terminal block	1492-J3	Allen Bradley
22	7	End Terminal Block	1492-EBJ3	Allen Bradley
23	8	Bridge to terminal block 1492-J3	1492-CJLJS-10	Allen Bradley
24	15	Group Markers	1492-GM35	Allen Bradley
25	30	Terminal block End Anchors	1492-EAJ35	Allen Bradley
26	92	Terminal block	ZDMTK 2,5-TWIN	Phoenix Contact
27	8	End terminal block	ATP-ZFKKB 4	Phoenix Contact

Tabla 43. Elementos del tablero de control.

Las recomendaciones de cada fabricante con respecto a la distancia mínima y calibre de cable permitido de cada dispositivo de control se muestran en la tabla 44.

Dispositivo	Distancia recomendada	Calibre del cable E/S
NJ-101-1020	Duct — 20 mm min. / Unit — DIN Track / 20 mm min. — Duct	Flexible 22-18 AWG $0.32 - 0.82$ mm^2 Unidades CJ
NX-ECC-203	Duct — 20 mm min. / Unit — DIN Track / 20 mm min. — Duct	Flexible 22-16 AWG $1.5 - 0.34$ mm^2

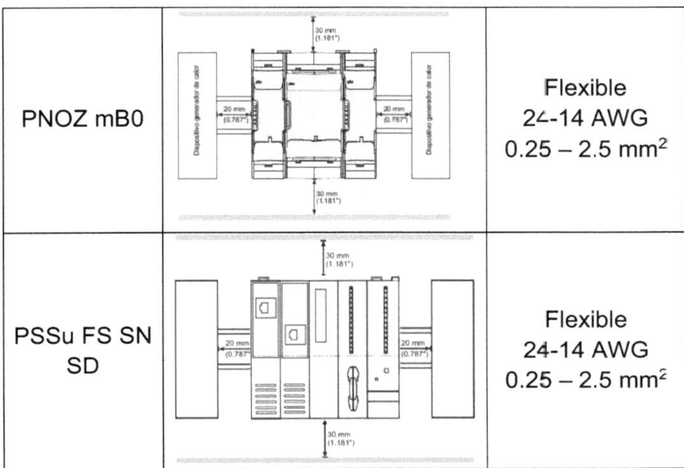

PNOZ mB0		Flexible 24-14 AWG $0.25 - 2.5$ mm^2
PSSu FS SN SD		Flexible 24-14 AWG $0.25 - 2.5$ mm^2

Tabla 44. Especificaciones de cableado y distancia de los dispositivos.

Bibliografía

[1] B. Gutiérrez, "Seguridad En Maquinaria En Iso 13849-1," pp. 1–67.

[2] B. S. C. H. Ing. Berthold Heinhe, "Implementación y aplicación de la norma EN ISO 13848.pdf." DC Verlag e. K. Bochum, Alemania, mayo 2015, p. 150, 2015.

[3] PILZ, "EN IEC 62061. Valoración de riesgos con el nivel de integridad de la seguridad - Pilz ES." [Online]. Available: https://www.pilz.com/es-ES/knowhow/law-standards-norms/functional-safety/en-iec-62061. [Accessed: 27-Nov-2017].

[4] OMRON, "Catálogo Sysmac."

[5] OMRON, "Machine Automation Controller NX-series EtherCAT® Coupler Unit EtherCAT Coupler Unit User's Manual NX-ECC201 NX-ECC202 NX-ECC203."

[6] OMRON, "Manual de instrucciones, NX-series Digital Input Unit NX-ID," *Module*, pp. 1–16.

[7] OMRON, "Manual de instrucciones, NX-series Digital Output Units NX-OD/OC," *Module*, pp. 1–16.

[8] PILZ, "Sistema de control PSSuniversal PLC, PSSu H PLC1 FS SN SD(-T)(-R)," pp. 1–44.

[9] O. E. P. Oep, "Sistema decentralizado PSSuniversal I/O, Manual de instrucciones, PSSu E F 4DI(-T)(-R)," vol. 7.

[10] "Sistema decentralizado PSSuniversal I/O, Manual de instrucciones , PSSu E F 4DO 0 . 5 (- T)(- R)," vol. 5.

[11] PILZ, "Sistema decentralizado PSSuniversal I/O, Manual de instrucciones, PSSu E S 4DI(-T)."

[12] PILZ, "Sistema decentralizado PSSuniversal I/O, Manual de instrucciones PSSu E S 4DO 0.5(-T)," vol. 5.

[13] PILZ, "Sistemas de control configurable PNOZ multi 2, Manual de instrucciones PNOZ m B0," 2013.

[14] PILZ, "Sistemas de control configurable, Manual de instrucciones, PNOZ m EF 8DI4DO."

[15] PILZ & Co. KG., "Manual de instrucciones PSEN op4F/H-s-...../1."

[16] PILZ, "Manual de instrucciones PSEN op 3.3."

[17] PILZ, "Manual de instrucciones Sensores PSEN sl-0.5p 1.1."

[18] D. Llu, "Control basado en PC y tecnologías de control distribuido,"

4. Anexos

Anexo 1: Programa NJ-101-1020

POU: Reset y Condiciones iniciales

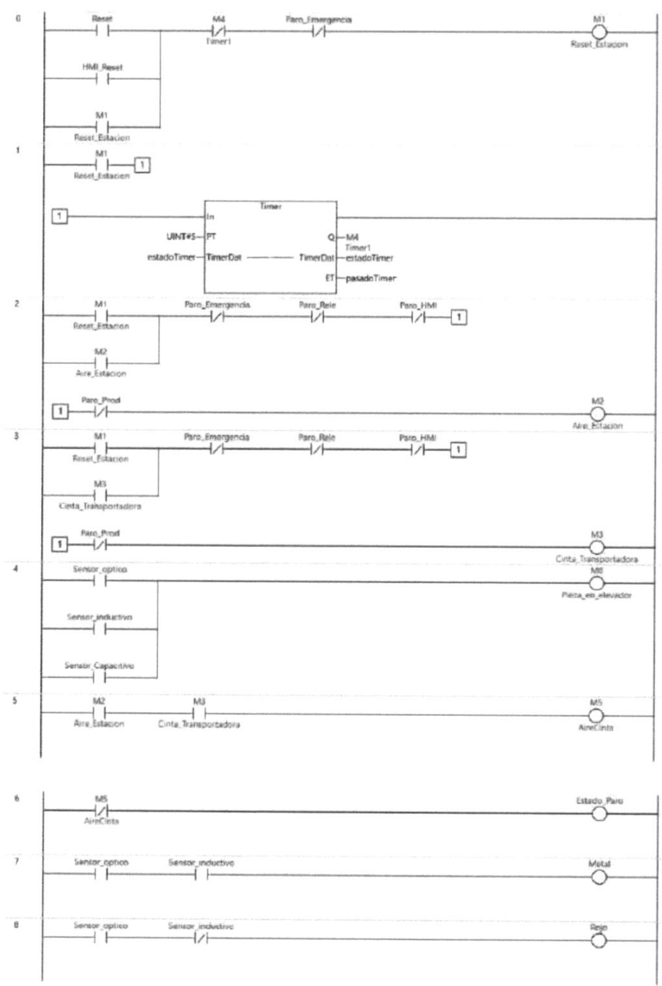

POU: Modo Manual

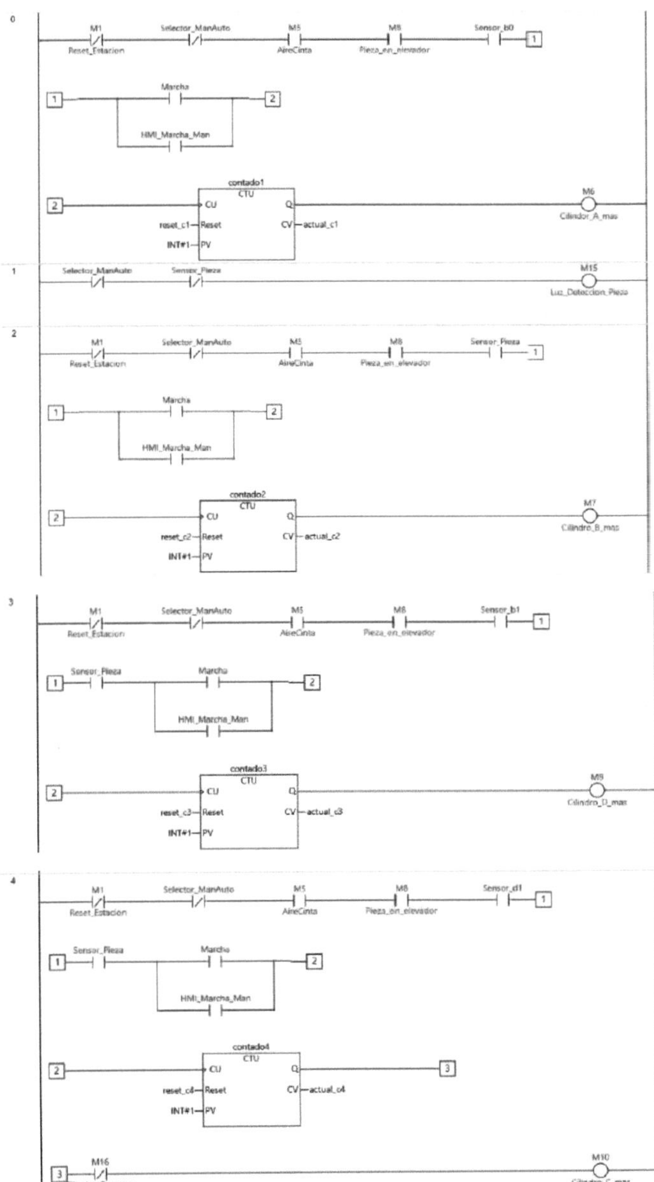

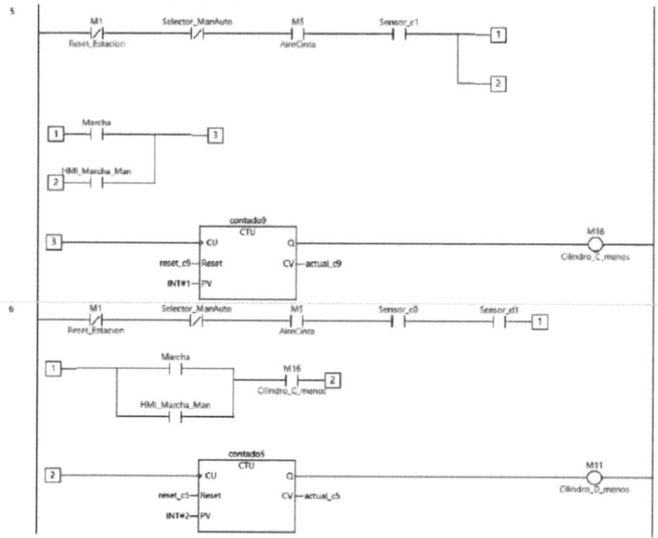

5
M1
Reset_Estacion
Selector_ManAuto
M5
AireCinta
Sensor_c1
1
2
Marcha
1
3
HMI_Marcha_Man
2
contado9
CTU
3
CU
Q
M16
Cilindro_C_menos
reset_c9 Reset
CV actual_c9
INT#1 PV
6
M1
Reset_Estacion
Selector_ManAuto
M5
AireCinta
Sensor_c0
Sensor_d1
1
Marcha
1
M16
Cilindro_C_menos
2
HMI_Marcha_Man
contado5
CTU
2
CU
Q
M11
Cilindro_D_menos
reset_c5 Reset
CV actual_c5
INT#2 PV

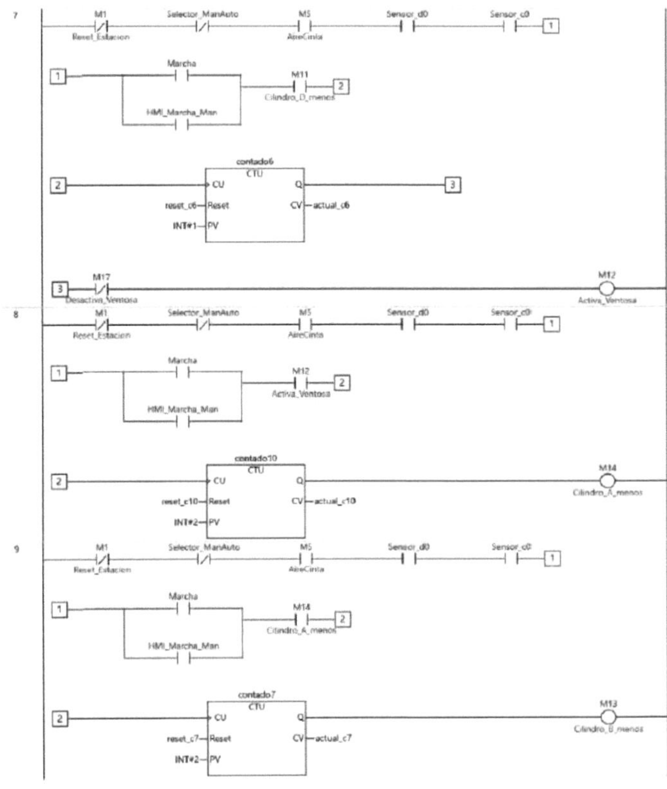

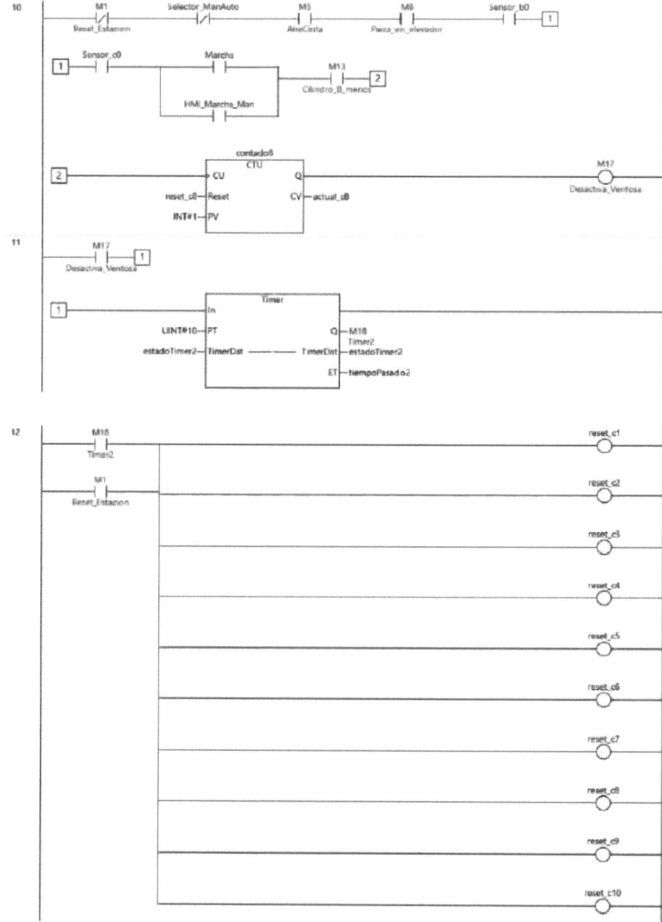

POU: Modo Automático

```
            IF Sensor_Pieza=FALSE THEN
                    A11:=TRUE;
        ELSE
            A11:=FALSE;
                END_IF;


IF AireEstacion=TRUE AND CintaTransport=TRUE AND
Selector_ManAuto=TRUE AND Modo_Produccion=FALSE
THEN

            IF Marcha=TRUE OR HMI_Marcha_Auto=TRUE
THEN
                cont:=1;
        END_IF;

    IF cont=1 THEN

                IF M8=TRUE AND Sensor_b0=TRUE THEN
            A1:=TRUE;      //Activa Amas
                END_IF;

                IF M8=TRUE AND Sensor_Pieza=TRUE
THEN
                    A1:=FALSE;
                    A3:=TRUE; //Activa Bmas
                END_IF;

                IF Sensor_b1=TRUE AND
Sensor_Pieza=TRUE AND M8=TRUE AND A7=FALSE THEN
                    A3:=FALSE; //Desactiva Bmas
                    A4:=TRUE; //Activa Dmas
                END_IF;

                IF Sensor_d1=TRUE AND  M8=TRUE AND
Sensor_Pieza=TRUE AND Sensor_c0=TRUE AND
A6=FALSE THEN
                    A4:=FALSE;//Desactivo Dmas
                    A5:=TRUE; //Activa Cmas
```

```
                    END_IF;

          IF Sensor_c1=TRUE AND 
Sensor_d1=TRUE  THEN
                    A5:=FALSE; //Desactiva Cmas
                    A6:=TRUE; //Estado desactivado 
Cmas
          END_IF;

          IF Sensor_c0=TRUE AND 
Sensor_d1=TRUE AND A6=TRUE THEN
                    A4:=FALSE; //Desactivo Dmas
                    A7:=TRUE; // Activa Dmenos
          END_IF;

          IF Sensor_c0=TRUE AND 
Sensor_d0=TRUE AND A7=TRUE THEN
                    A8:=TRUE; //Activo Ventosa
          END_IF;

          IF Sensor_c0=TRUE AND 
Sensor_d0=TRUE AND A8=TRUE THEN
                    A1:=FALSE;
                    A9:=TRUE; //Activo Amenos
                    A3:=FALSE;//Desactivo Bmas
          END_IF;

          IF Sensor_c0=TRUE AND 
Sensor_d0=TRUE AND A9=TRUE THEN

                    A10:=TRUE; //Activo Bmenos
          END_IF;

          IF Sensor_c0=TRUE AND 
Sensor_b0=TRUE AND A10=TRUE THEN
                    A8:=False; //Desactiva 
Ventosa
                    A9:=FALSE;
```

```
                                        A10:=FALSE;
                                        A7:=FALSE;
                                        A6:=FALSE;
                END_IF;

END_IF;


END_IF;

IF Selector_ManAuto=FALSE OR Paro_Emergencia=TRUE
OR Reset=TRUE OR Paro_HMI THEN
    cont:=0;
    A1:=FALSE;
    A2:=FALSE;
    A3:=FALSE;
    A4:=FALSE;
    A5:=FALSE;
    A6:=FALSE;
    A7:=FALSE;
    A8:=FALSE;
    A9:=FALSE;
    A10:=FALSE;
END_IF;
```

POU: Modo Producción

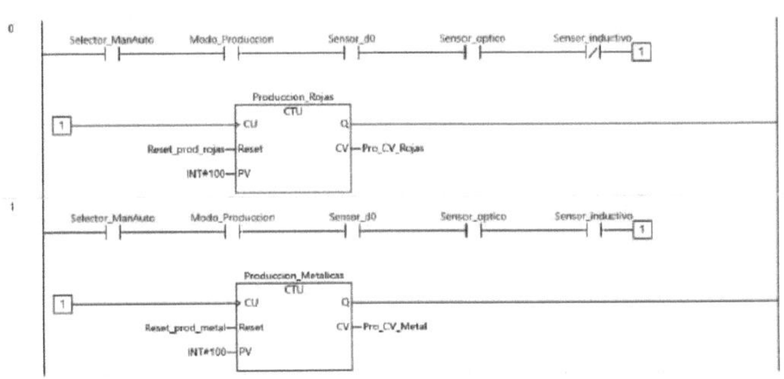


```
        IF Sensor_Pieza=FALSE THEN
```

```
                    A11:=TRUE;
        ELSE
            A11:=FALSE;
                END_IF;

//___________________________________________________


IF AireEstacion=TRUE AND CintaTransport=TRUE AND
Selector_ManAuto=TRUE AND Modo_Produccion=TRUE THEN

    IF Marcha_Produccion=TRUE THEN
                cont:=1;
    END_IF;

    IF cont=1 THEN
                // Detener secuencia---------------------------------
            IF Piezas_rojas+1=Pro_CV_Rojas THEN
                    auxRojas:=TRUE;
            END_IF;

            IF Piezas_metal+1 =Pro_CV_Metal THEN
                    auxMetal:=TRUE;
            END_IF;

            //----------------------------------------------------

            //Produccion normal-------------------------------

                //codigo normal automatico---------------------------------
-----------------------------
            IF M8=TRUE AND Sensor_b0=TRUE THEN
            A1:=TRUE;      //Activa Amas
                END_IF;

                IF M8=TRUE AND Sensor_Pieza=TRUE  THEN
                    A1:=FALSE;
                    A3:=TRUE; //Activa Bmas
                END_IF;
```

```
                    IF Sensor_b1=TRUE AND Sensor_Pieza=TRUE AND
M8=TRUE AND A7=FALSE THEN
                    A3:=FALSE; //Desactiva Bmas
                    A4:=TRUE; //Activa Dmas
          END_IF;

                    IF Sensor_d1=TRUE AND  M8=TRUE AND
Sensor_Pieza=TRUE AND Sensor_c0=TRUE AND A6=FALSE THEN
                    A4:=FALSE;//Desactivo Dmas
                    A5:=TRUE; //Activa Cmas
          END_IF;

                    IF Sensor_c1=TRUE AND Sensor_d1=TRUE  THEN
                    A5:=FALSE; //Desactiva Cmas
                    A6:=TRUE; //Estado desactivado Cmas
          END_IF;

                    IF Sensor_c0=TRUE AND Sensor_d1=TRUE AND
A6=TRUE THEN
                    A4:=FALSE; //Desactivo Dmas
                    A7:=TRUE; // Activa Dmenos
          END_IF;

                    IF Sensor_c0=TRUE AND Sensor_d0=TRUE AND
A7=TRUE THEN
                    A8:=TRUE; //Activo Ventosa
          END_IF;

                    IF Sensor_c0=TRUE AND Sensor_d0=TRUE AND
A8=TRUE THEN
                        A1:=FALSE;
                        A9:=TRUE; //Activo Amencs
                        A3:=FALSE;//Desactivo Bmas
          END_IF;

                    IF Sensor_c0=TRUE AND Sensor_d0=TRUE AND
A9=TRUE THEN
```

```
                    A10:=TRUE; //Activo Bmenos
            END_IF;

            IF Sensor_c0=TRUE AND Sensor_b0=TRUE AND
A10=TRUE THEN
                        A8:=False; //Desactiva Ventosa
                        A9:=FALSE;
                        A10:=FALSE;
                        A7:=FALSE;
                        A6:=FALSE;
            END_IF;
             // --------------------------------------------------------------




            //Rechazo------------------------------------------------
            IF (Rojo =TRUE AND Pro_CV_Rojas > Piezas_rojas) OR
(Metal=TRUE AND Pro_CV_Metal > Piezas_metal) THEN
                    //codigo rechazo pieza----------------------------
            IF M8=TRUE AND Sensor_b0=TRUE THEN
          A1:=TRUE;       //Activa Amas
            END_IF;

              IF M8=TRUE AND Sensor_Pieza=TRUE  THEN
                   A1:=FALSE;  //Desactivo Amas
                   A3:=TRUE; //Activa Bmas
            END_IF;

              IF M8=TRUE AND Sensor_d0=TRUE AND
Sensor_c0=TRUE AND Sensor_b1=TRUE THEN
                   A3:=FALSE; //Desactiva Bmas
                   A5:=TRUE; //Activa Cmas
            END_IF;

              IF Sensor_c1=TRUE AND Sensor_d0=TRUE AND
Sensor_b1=TRUE THEN
```

```
                A5:=FALSE; //Desactiva Cmas
                A6:=TRUE; //Estado desactivado Cmas
            END_IF;


        //-----------------------------------------------------
        END_IF;
        //-----------------------------------------------------

        IF auxRojas=TRUE AND auxMetal=TRUE THEN
            Paro_Prod:=TRUE;
            cont:=0;
        END_IF;


    END_IF;
END_IF;


IF Selector_ManAuto=FALSE OR Paro_Emergencia=TRUE OR
Reset=TRUE OR Paro_HMI THEN
    cont:=0;
    A1:=FALSE;
    A2:=FALSE;
    A3:=FALSE;
    A4:=FALSE;
    A5:=FALSE;
    A6:=FALSE;
    A7:=FALSE;
    A8:=FALSE;
    A9:=FALSE;
    A10:=FALSE;
    Paro_Prod:=FALSE;
    auxMetal:=FALSE;
    auxRojas:=FALSE;
END_IF;
```

M1
Reset_Estacion
Selector_ManAuto
Reset_prod_metal
Reset_prod_rojas
Reset_prod_metal_mas
Reset_prod_rojas_mas

POU: Salidas

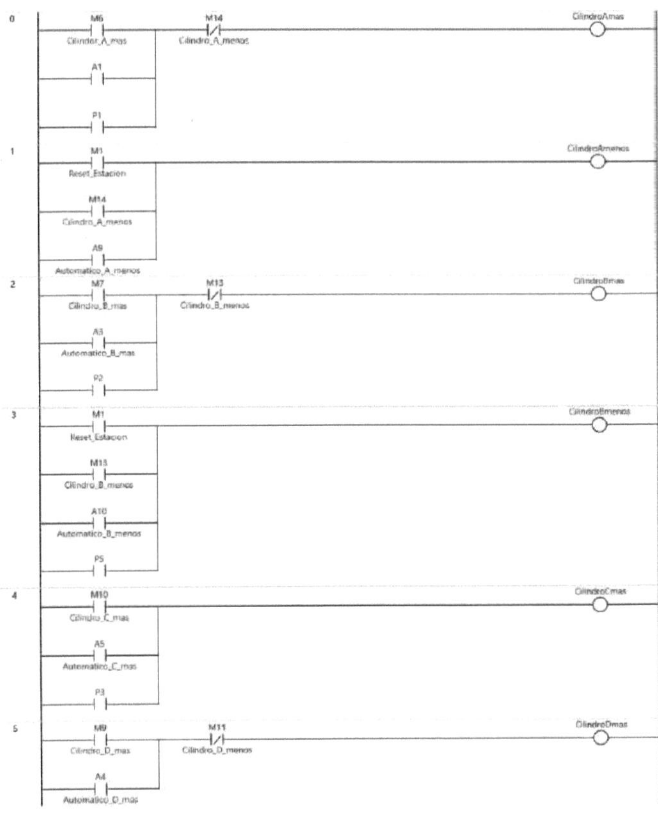

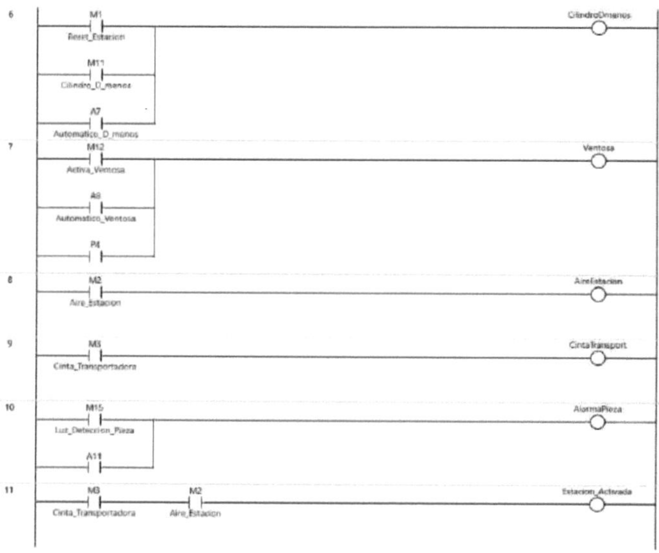
6
M1
Reset_Estacion
M11
Cilindro_D_menos
A7
Automatico_D_menos
CilindroDmenos

7
M12
Activa_Ventosa
A8
Automatico_Ventosa
P4
Ventosa

8
M2
Aire_Estacion
AireEstacion

9
M3
Cinta_Transportadora
CintaTransport

10
M15
Luz_Deteccion_Pieza
A11
AlarmaPieza

11
M3
Cinta_Transportadora
M2
Aire_Estacion
Estacion_Activada

POU: Base de datos

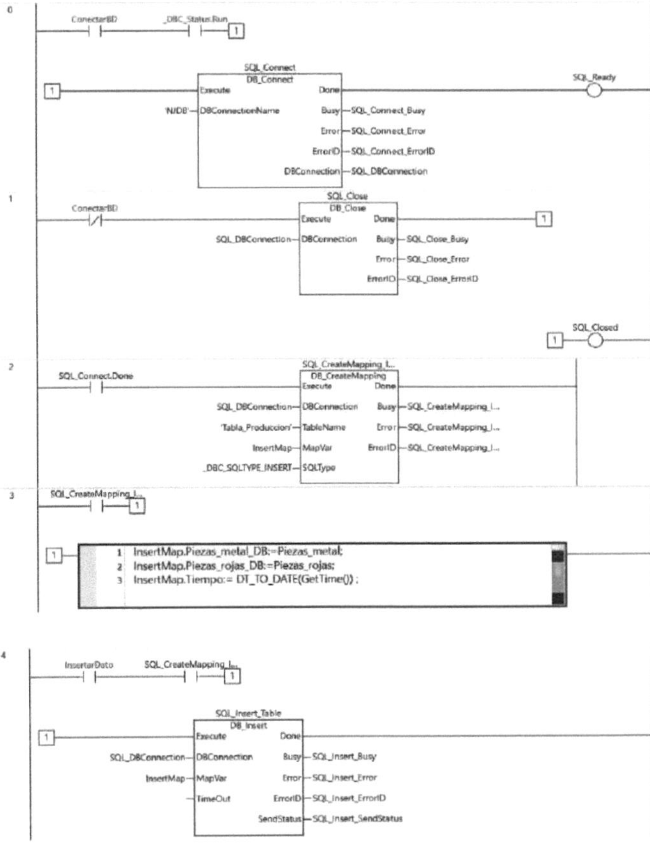

Anexo 2: Programa Relé PNOZ mB0

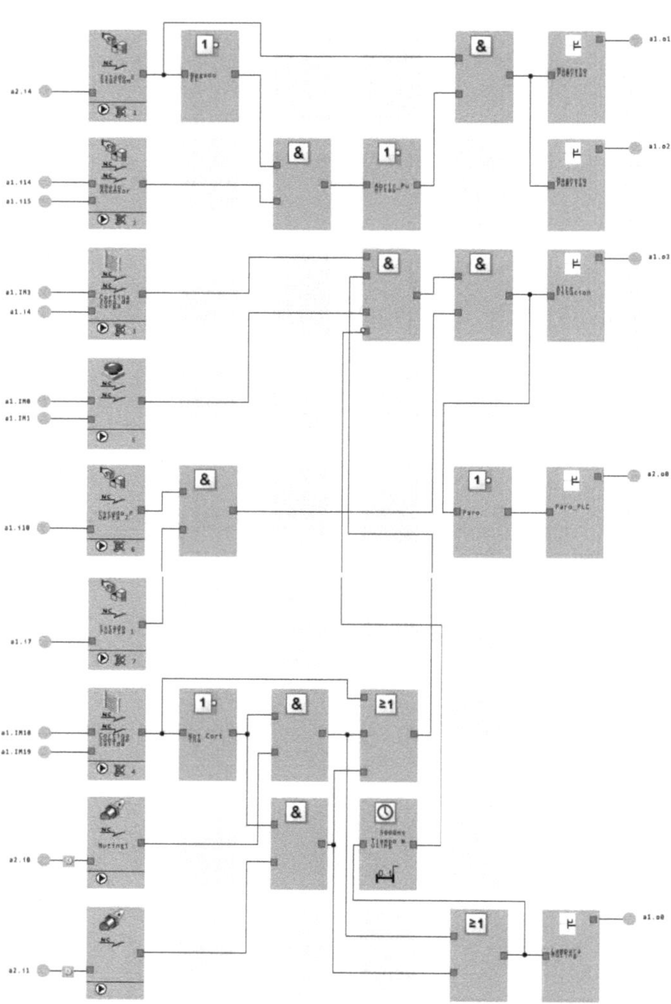

Anexo 3: Programa PSSu FS SN SD

POU: Reset y condiciones iniciales

0 <Label>

<Enter network comment here>

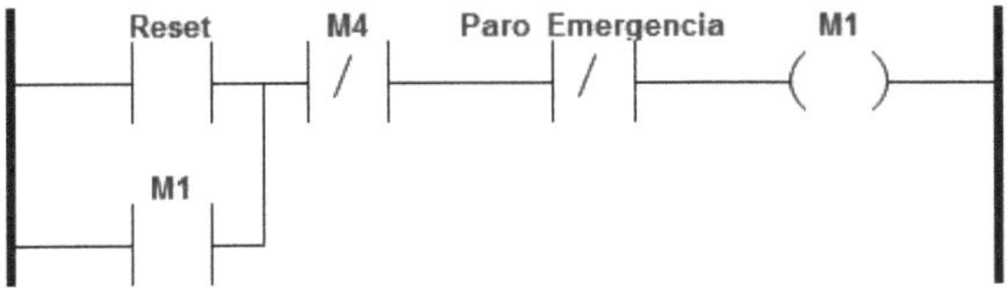

1 <Label>

<Enter network comment here>

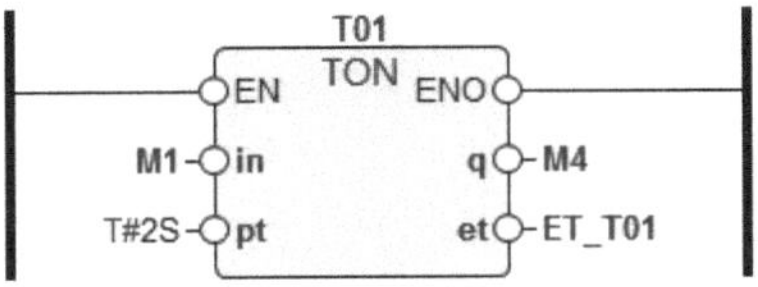

2 <Label>

<Enter network comment here>

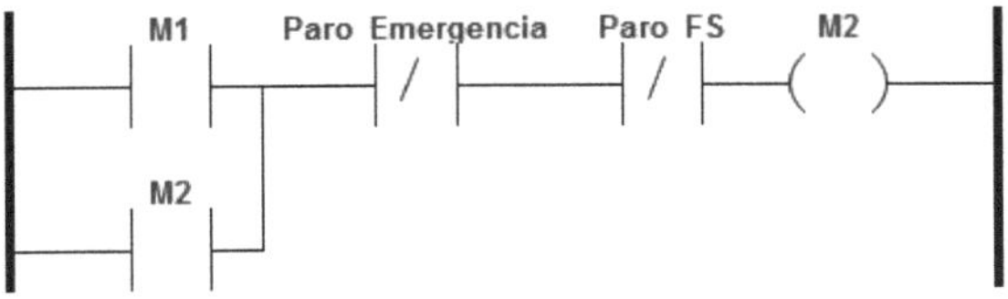

3 <Label>

<Enter network comment here>

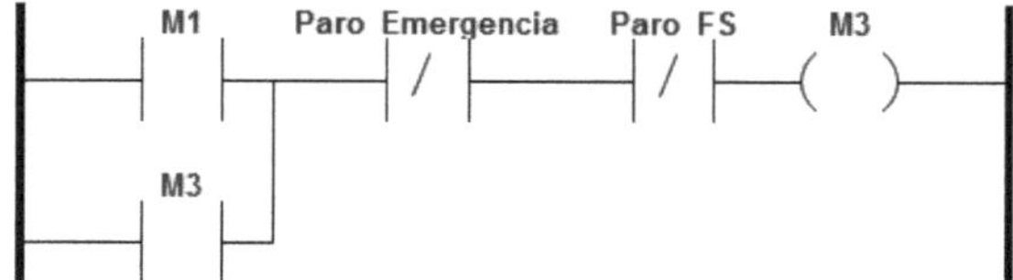

4 <Label>

<Enter network comment here>

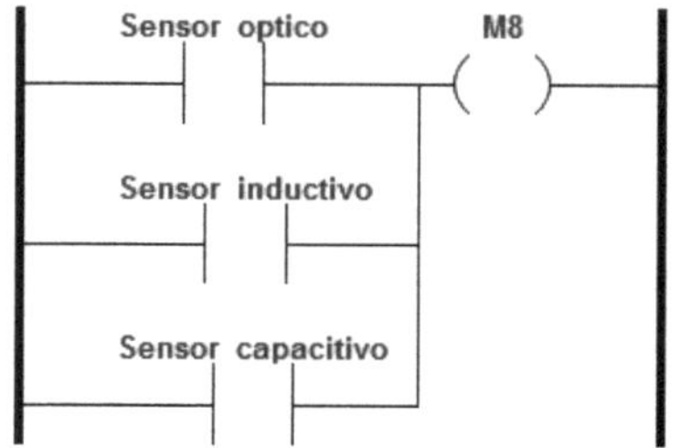

5 <Label>

<Enter network comment here>

POU: Modo Manual

0 <Label>

<Enter network comment here>

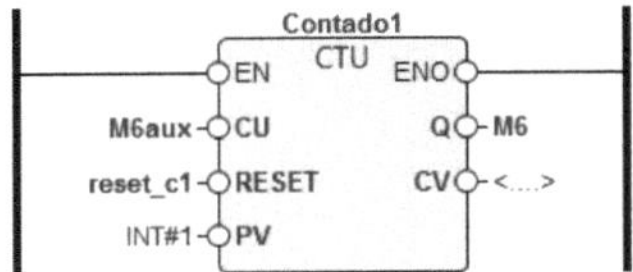

1 <Label>

<Enter network comment here>

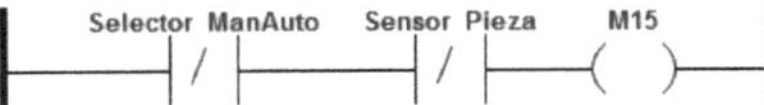

2 <Label>

<Enter network comment here>

3 <Label>

<Enter network comment here>

4 <Label>

<Enter network comment here>

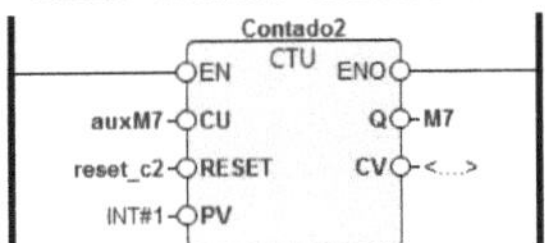

5 <Label>

<Enter network comment here>

6 <Label>

<Enter network comment here>

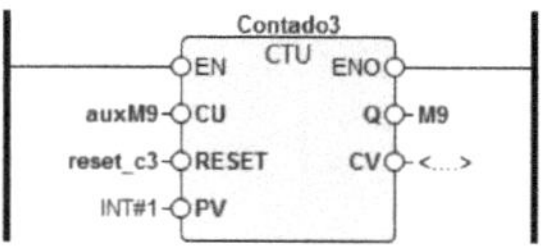

7 <Label>

<Enter network comment here>

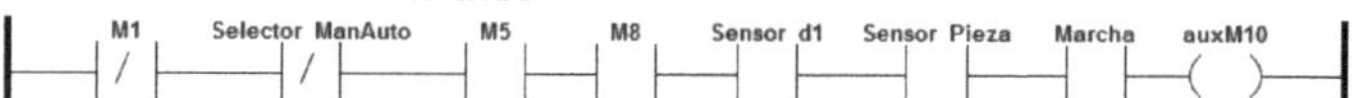

8 <Label>

<Enter network comment here>

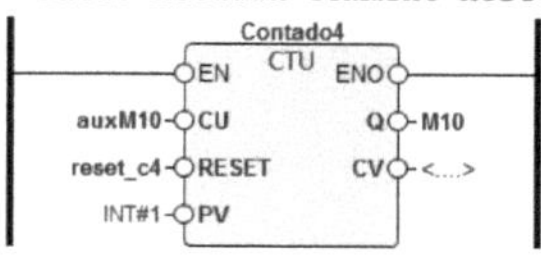

9 <Label>

<Enter network comment here>

10 <Label>

<Enter network comment here>

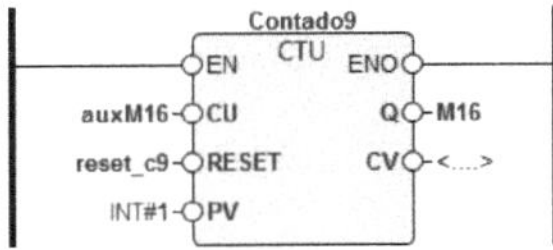

11 <Label>

<Enter network comment here>

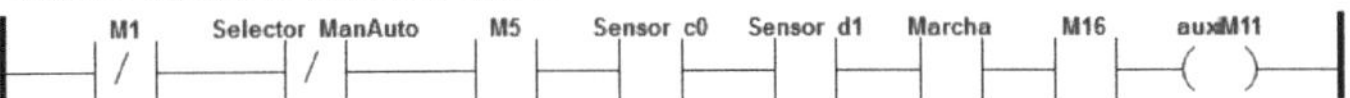

12 <Label>

<Enter network comment here>

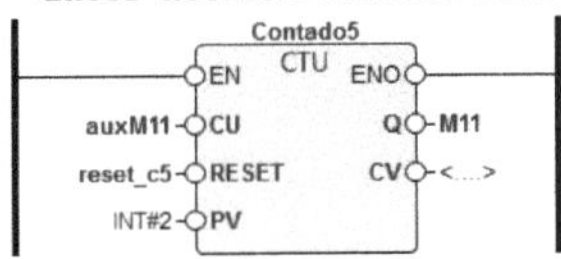

13 <Label>

<Enter network comment here>

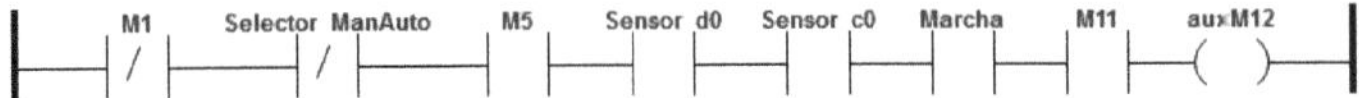

14 <Label>

<Enter network comment here>

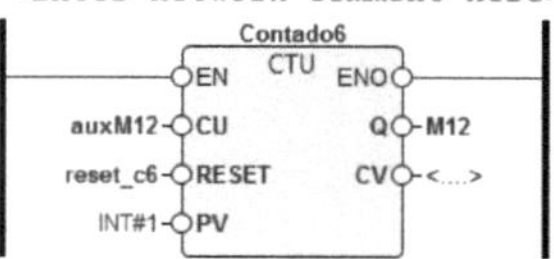

15 <Label>

<Enter network comment here>

16 <Label>

<Enter network comment here>

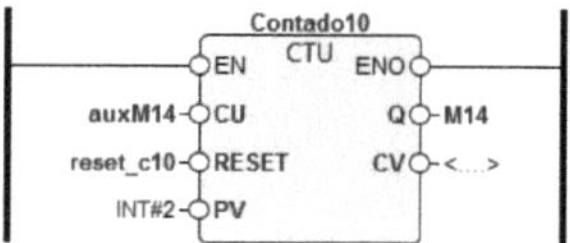

17 <Label>

<Enter network comment here>

18 <Label>

<Enter network comment here>

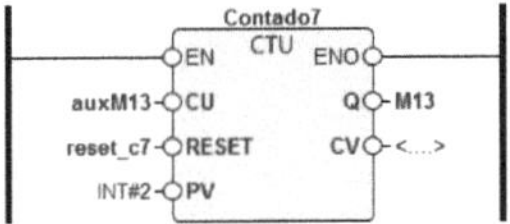

19 <Label>

<Enter network comment here>

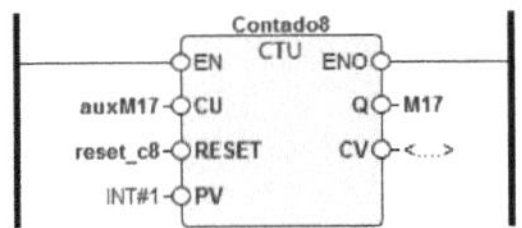

20 <Label>

<Enter network comment here>

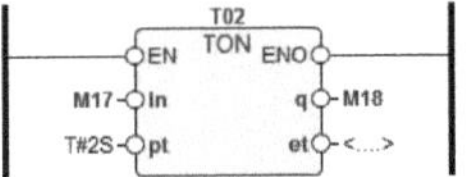

21 <Label>

<Enter network comment here>

Automatización Segura

129

POU: Modo Automático

```
IF Sensor_Pieza=FALSE THEN
                    A11:=TRUE;
      ELSE
           A11:=FALSE;
                END_IF;


IF AireEstacion=TRUE AND CintaTransport=TRUE AND
Selector_ManAuto=TRUE THEN


          IF Marcha=TRUE THEN
                cont:=1;
          END_IF;


    IF cont=1 THEN


                IF M8=TRUE AND Sensor_b0=TRUE
THEN
               A1:=TRUE;      //Activa Amas
                 END_IF;


                IF M8=TRUE AND Sensor_Pieza=TRUE
THEN
                    A1:=FALSE;
                    A3:=TRUE; //Activa Bmas
                END_IF;


                IF Sensor_b1=TRUE AND M8=TRUE AND
Sensor_Pieza=TRUE AND M8=TRUE AND A7=FALSE
THEN
                        A3:=FALSE; //Desactiva Bmas
                        A4:=TRUE; //Activa Dmas
                END_IF;


                IF Sensor_d1=TRUE AND
Sensor_Pieza=TRUE AND Sensor_c0=TRUE AND
A6=FALSE THEN
                        A4:=FALSE;//Desactivo Dmas
                        A5:=TRUE; //Activa Cmas
```

```
                    END_IF;

                    IF Sensor_c1=TRUE AND
Sensor_d1=TRUE  THEN
                            A5:=FALSE; //Desactiva Cmas
                            A6:=TRUE; //Estado desactivado
Cmas
                    END_IF;

                    IF Sensor_c0=TRUE AND
Sensor_d1=TRUE AND A6=TRUE THEN
                            A4:=FALSE; //Desactivo Dmas
                            A7:=TRUE; // Activa Dmenos
                    END_IF;

                    IF Sensor_c0=TRUE AND
Sensor_d0=TRUE AND A7=TRUE THEN
                            A8:=TRUE; //Activo Ventosa
                    END_IF;

                    IF Sensor_c0=TRUE AND
Sensor_d0=TRUE AND A8=TRUE THEN
                                A1:=FALSE;
                                A9:=TRUE; //Activo Amenos
                                A3:=FALSE;//Desactivo Bmas
                    END_IF;

                    IF Sensor_c0=TRUE AND
Sensor_d0=TRUE AND A9=TRUE THEN


                                A10:=TRUE; //Activo Bmenos
                    END_IF;

                    IF Sensor_c0=TRUE AND
Sensor_b0=TRUE AND A10=TRUE THEN
                                A8:=FALSE; //Desactiva
Ventosa
                                A9:=FALSE;
```

```
                                    A10:=FALSE;
                                    A7:=FALSE;
                                    A6:=FALSE;
                    END_IF;


END_IF;


END_IF;

IF Selector_ManAuto=FALSE OR Paro_Emergencia=TRUE
OR Reset=TRUE THEN
     cont:=0;
     A1:=FALSE;
     A2:=FALSE;
     A3:=FALSE;
     A4:=FALSE;
     A5:=FALSE;
     A6:=FALSE;
     A7:=FALSE;
     A8:=FALSE;
     A9:=FALSE;
     A10:=FALSE;
END_IF;

END_PROGRAM
```

POU: Salidas

0 <Label>

<Enter network comment here>

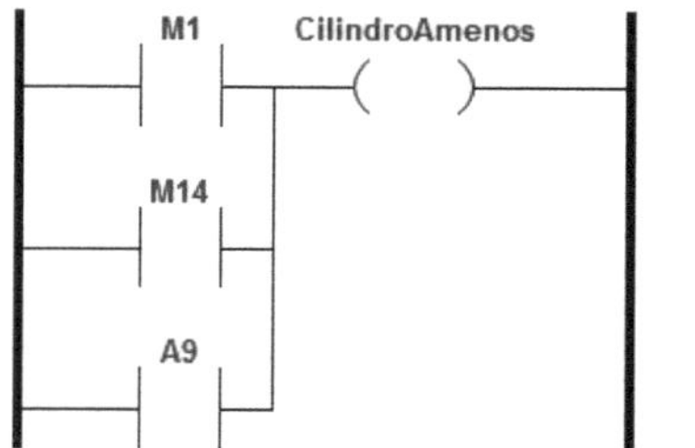

1 <Label>

<Enter network comment here>

2 <Label>

<Enter network comment here>

3 <Label>

<Enter network comment here>

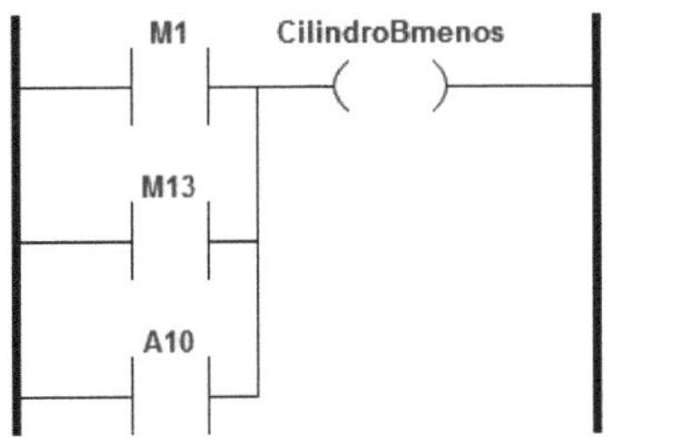

4 <Label>

<Enter network comment here>

5 <Label>

<Enter network comment here>

6 <Label>

<Enter network comment here>

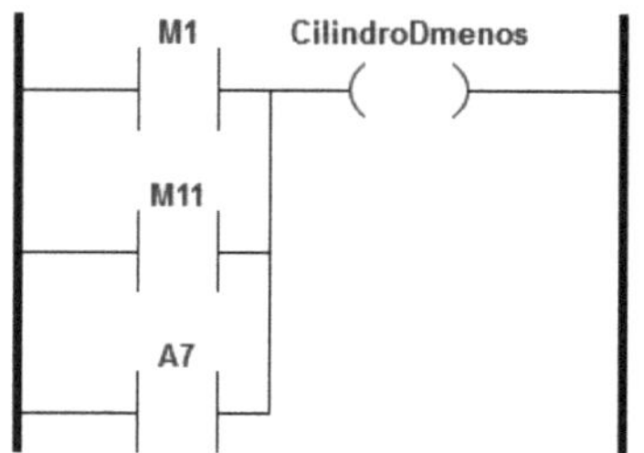

7 <Label>

<Enter network comment here>

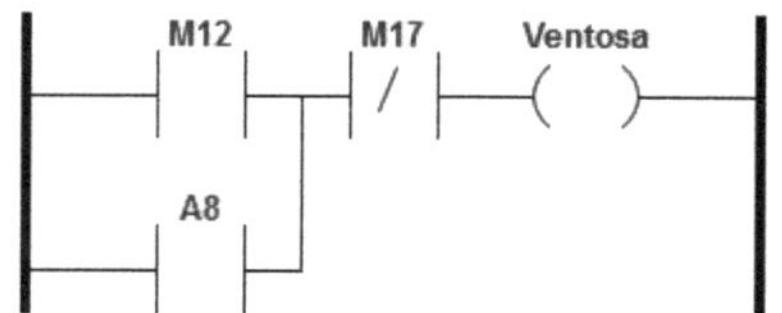

8 <Label>

<Enter network comment here>

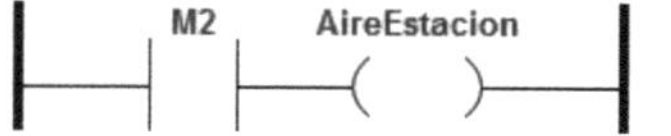

9 <Label>

<Enter network comment here>

POU: Seguridad

```
IF Estacion_ActivadaS=FALSE AND Elevador_LL=TRUE
THEN
  MagnetoP1:=FALSE;
  MagnetoP2:=FALSE;
  ;
END_IF;

IF Estacion_ActivadaS=TRUE AND EstadoP1=TRUE AND
EstadoP2=TRUE THEN
  MagnetoP1:=TRUE;
  MagnetoP2:=TRUE;
  AireEstacionS:=TRUE;
  Paro_Seguro:=FALSE;
  ;
END_IF;

IF  EstadoP1=FALSE OR EstadoP2=FALSE THEN
  AireEstacionS:=FALSE;
  Paro_Seguro:=TRUE;
  ELSE
  Paro_Seguro:=FALSE;
  ;
```

```
END_IF;

IF BarreraF1=FALSE OR BarreraF2=FALSE OR PE=FALSE
THEN
   AireEstacionS:=FALSE;
   Paro_Seguro:=TRUE;
END_IF;

IF (Muting1=TRUE AND BarreraF2=FALSE) OR
(Muting2=TRUE AND BarreraF2=FALSE) THEN
   AireEstacionS:=TRUE;
   Paro_Seguro:=FALSE;
   LamparMut:=TRUE;
   auxT1:=TRUE;
   ELSE
   LamparMut:=FALSE;
   auxT1:=FALSE;
END_IF;

T1(IN:=auxT1, PT:=T#10s);
IF T1.Q=TRUE THEN
   AireEstacionS:=FALSE;
   Paro_Seguro:=TRUE;
ELSE

   T1.PT:=T#10s;
END_IF;

END_PROGRAM
```

Anexo 4: Planos
Layout

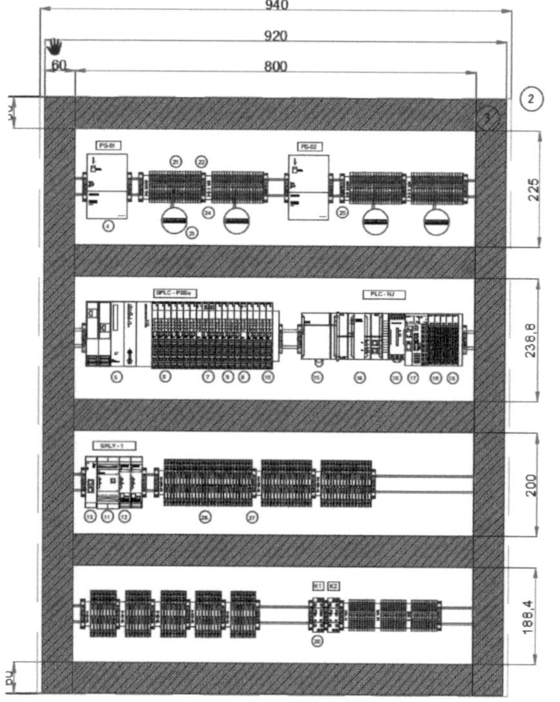

PLC NJ-101-1020

DIGITAL INPUTS

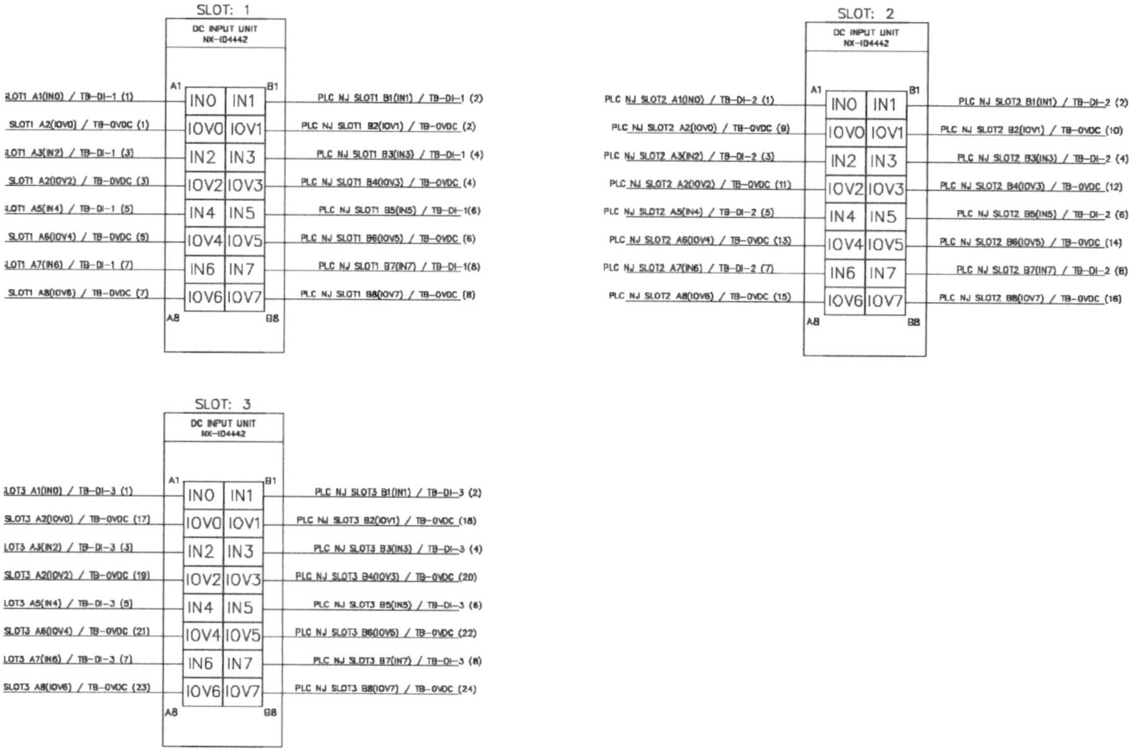

SLOT: 1

DC INPUT UNIT
NX-ID4442

Left terminal (A)	A	B	Right terminal (B)
SLOT1 A1(IN0) / TB-DI-1 (1)	IN0	IN1	PLC NJ SLOT1 B1(IN1) / TB-DI-1 (2)
SLOT1 A2(IOV0) / TB-0VDC (1)	IOV0	IOV1	PLC NJ SLOT1 B2(IOV1) / TB-0VDC (2)
SLOT1 A3(IN2) / TB-DI-1 (3)	IN2	IN3	PLC NJ SLOT1 B3(IN3) / TB-DI-1 (4)
SLOT1 A2(IOV2) / TB-0VDC (3)	IOV2	IOV3	PLC NJ SLOT1 B4(IOV3) / TB-0VDC (4)
SLOT1 A5(IN4) / TB-DI-1 (5)	IN4	IN5	PLC NJ SLOT1 B5(IN5) / TB-DI-1(6)
SLOT1 A6(IOV4) / TB-0VDC (5)	IOV4	IOV5	PLC NJ SLOT1 B6(IOV5) / TB-0VDC (6)
SLOT1 A7(IN6) / TB-DI-1 (7)	IN6	IN7	PLC NJ SLOT1 B7(IN7) / TB-DI-1(8)
SLOT1 A8(IOV6) / TB-0VDC (7)	IOV6	IOV7	PLC NJ SLOT1 B8(IOV7) / TB-0VDC (8)

SLOT: 2

DC INPUT UNIT
NX-ID4442

Left terminal (A)	A	B	Right terminal (B)
PLC NJ SLOT2 A1(IN0) / TB-DI-2 (1)	IN0	IN1	PLC NJ SLOT2 B1(IN1) / TB-DI-2 (2)
PLC NJ SLOT2 A2(IOV0) / TB-0VDC (9)	IOV0	IOV1	PLC NJ SLOT2 B2(IOV1) / TB-0VDC (10)
PLC NJ SLOT2 A3(IN2) / TB-DI-2 (3)	IN2	IN3	PLC NJ SLOT2 B3(IN3) / TB-DI-2 (4)
PLC NJ SLOT2 A2(IOV2) / TB-0VDC (11)	IOV2	IOV3	PLC NJ SLOT2 B4(IOV3) / TB-0VDC (12)
PLC NJ SLOT2 A5(IN4) / TB-DI-2 (5)	IN4	IN5	PLC NJ SLOT2 B5(IN5) / TB-DI-2 (6)
PLC NJ SLOT2 A6(IOV4) / TB-0VDC (13)	IOV4	IOV5	PLC NJ SLOT2 B6(IOV5) / TB-0VDC (14)
PLC NJ SLOT2 A7(IN6) / TB-DI-2 (7)	IN6	IN7	PLC NJ SLOT2 B7(IN7) / TB-DI-2 (8)
PLC NJ SLOT2 A8(IOV6) / TB-0VDC (15)	IOV6	IOV7	PLC NJ SLOT2 B8(IOV7) / TB-0VDC (16)

SLOT: 3

DC INPUT UNIT
NX-ID4442

Left terminal (A)	A	B	Right terminal (B)
SLOT3 A1(IN0) / TB-DI-3 (1)	IN0	IN1	PLC NJ SLOT3 B1(IN1) / TB-DI-3 (2)
SLOT3 A2(IOV0) / TB-0VDC (17)	IOV0	IOV1	PLC NJ SLOT3 B2(IOV1) / TB-0VDC (18)
SLOT3 A3(IN2) / TB-DI-3 (3)	IN2	IN3	PLC NJ SLOT3 B3(IN3) / TB-DI-3 (4)
SLOT3 A2(IOV2) / TB-0VDC (19)	IOV2	IOV3	PLC NJ SLOT3 B4(IOV3) / TB-0VDC (20)
SLOT3 A5(IN4) / TB-DI-3 (5)	IN4	IN5	PLC NJ SLOT3 B5(IN5) / TB-DI-3 (6)
SLOT3 A6(IOV4) / TB-0VDC (21)	IOV4	IOV5	PLC NJ SLOT3 B6(IOV5) / TB-0VDC (22)
SLOT3 A7(IN6) / TB-DI-3 (7)	IN6	IN7	PLC NJ SLOT3 B7(IN7) / TB-DI-3 (8)
SLOT3 A8(IOV6) / TB-0VDC (23)	IOV6	IOV7	PLC NJ SLOT3 B8(IOV7) / TB-0VDC (24)

PLC NJ-101-1020

DIGITAL OUTPUTS

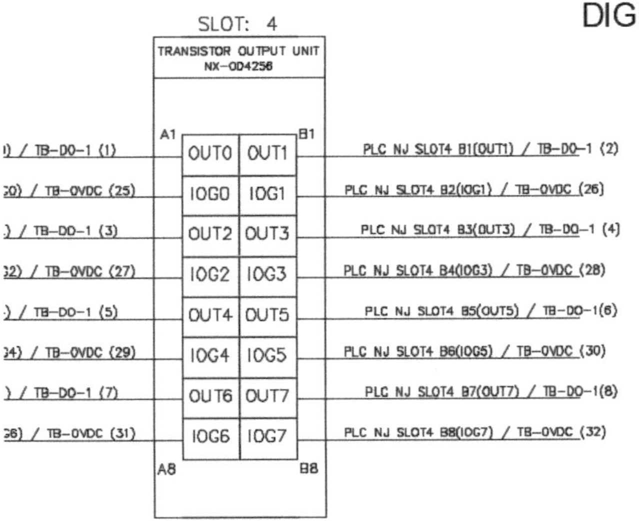

SLOT: 4

TRANSISTOR OUTPUT UNIT
NX-OD4256

A1 — B1 — A8 — B8

OUT0	OUT1
IOG0	IOG1
OUT2	OUT3
IOG2	IOG3
OUT4	OUT5
IOG4	IOG5
OUT6	OUT7
IOG6	IOG7

Left side:
- ...) / TB-DO-1 (1)
- ...0) / TB-OVDC (25)
- ...) / TB-DO-1 (3)
- ...2) / TB-OVDC (27)
- ...) / TB-DO-1 (5)
- ...4) / TB-OVDC (29)
- ...) / TB-DO-1 (7)
- ...6) / TB-OVDC (31)

Right side:
- PLC NJ SLOT4 B1(OUT1) / TB-DO-1 (2)
- PLC NJ SLOT4 B2(IOG1) / TB-OVDC (26)
- PLC NJ SLOT4 B3(OUT3) / TB-DO-1 (4)
- PLC NJ SLOT4 B4(IOG3) / TB-OVDC (28)
- PLC NJ SLOT4 B5(OUT5) / TB-DO-1(6)
- PLC NJ SLOT4 B6(IOG5) / TB-OVDC (30)
- PLC NJ SLOT4 B7(OUT7) / TB-DO-1(8)
- PLC NJ SLOT4 B8(IOG7) / TB-OVDC (32)

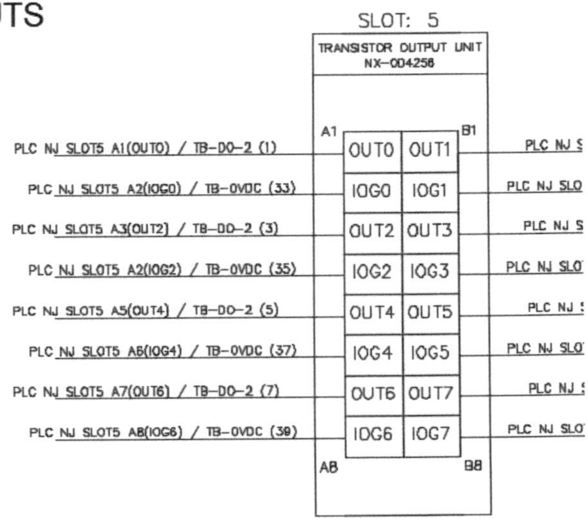

SLOT: 5

TRANSISTOR OUTPUT UNIT
NX-OD4256

A1 — B1 — A8 — B8

OUT0	OUT1
IOG0	IOG1
OUT2	OUT3
IOG2	IOG3
OUT4	OUT5
IOG4	IOG5
OUT6	OUT7
IOG6	IOG7

Left side:
- PLC NJ SLOT5 A1(OUT0) / TB-DO-2 (1)
- PLC NJ SLOT5 A2(IOG0) / TB-OVDC (33)
- PLC NJ SLOT5 A3(OUT2) / TB-DO-2 (3)
- PLC NJ SLOT5 A2(IOG2) / TB-OVDC (35)
- PLC NJ SLOT5 A5(OUT4) / TB-DO-2 (5)
- PLC NJ SLOT5 A6(IOG4) / TB-OVDC (37)
- PLC NJ SLOT5 A7(OUT6) / TB-DO-2 (7)
- PLC NJ SLOT5 A8(IOG6) / TB-OVDC (39)

Right side:
- PLC NJ S...
- PLC NJ SLO...
- PLC NJ S...
- PLC NJ SLO...
- PLC NJ S...
- PLC NJ SLO...
- PLC NJ S...
- PLC NJ SLO...

DIGITAL INPUT

TERMINAL BLOCK TB-DI-1

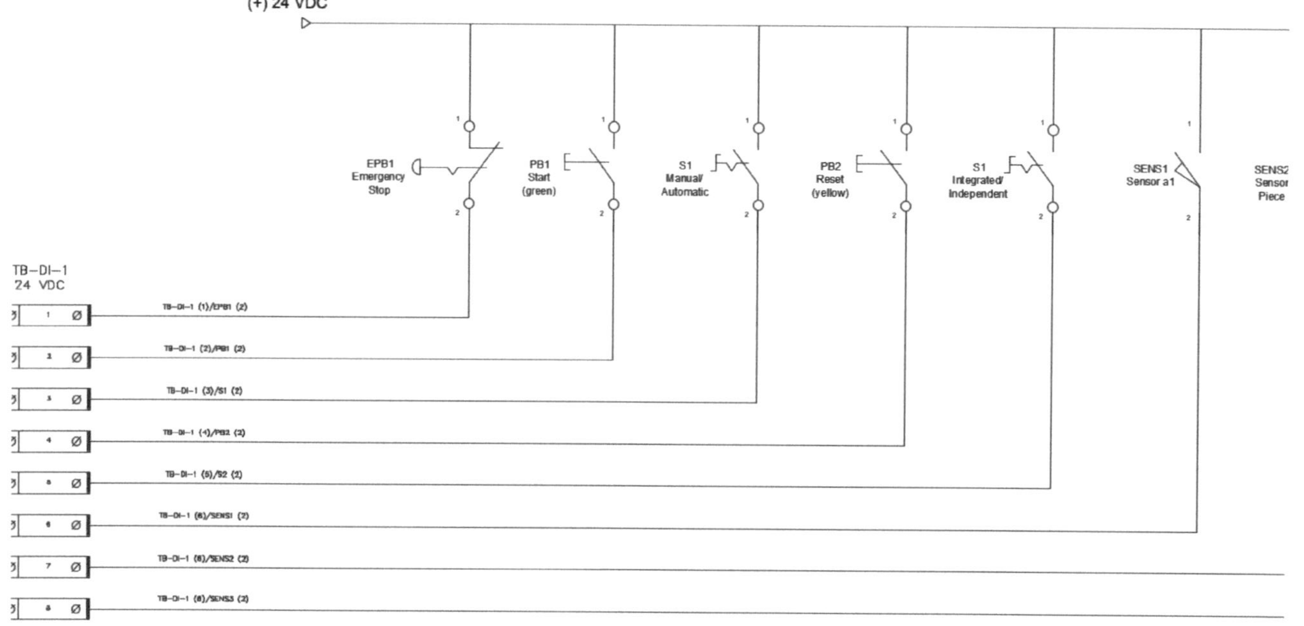

DIGITAL INPUT
TERMINAL BLOCK TB-DI-2

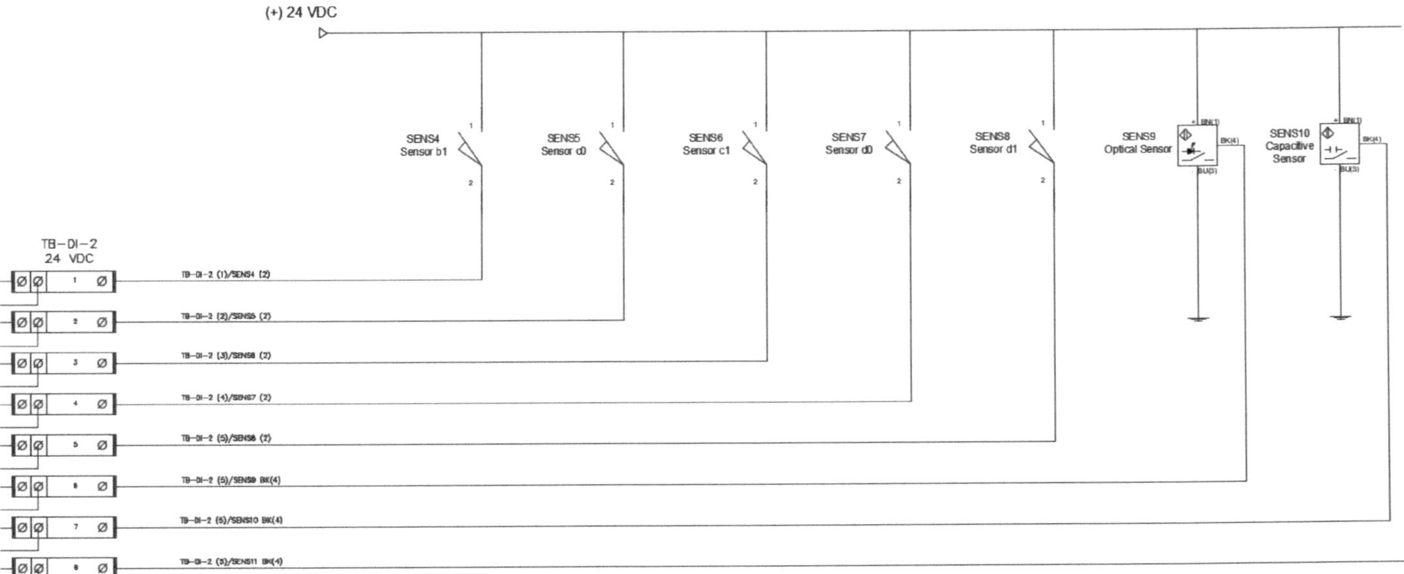

DIGITAL INPUT
TERMINAL BLOCK TB-DI-3

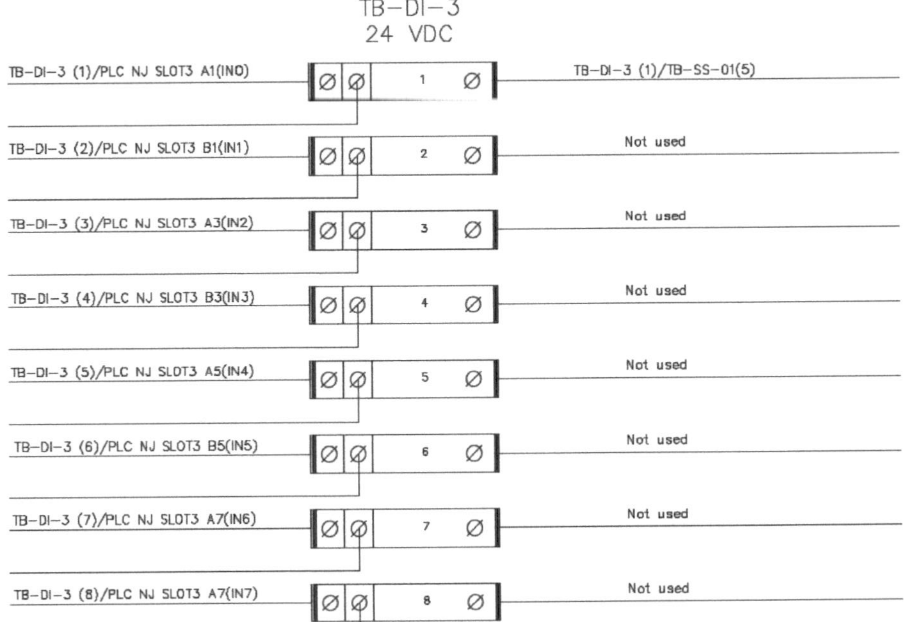

DIGITAL OUTPUT

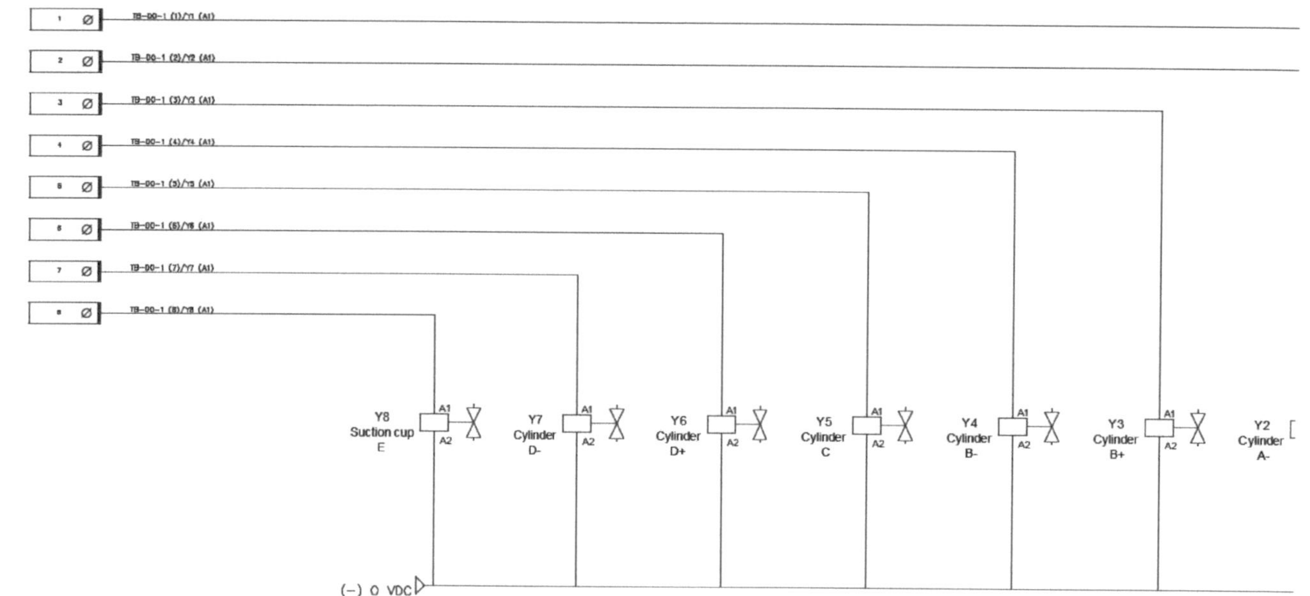

DIGITAL OUTPUT

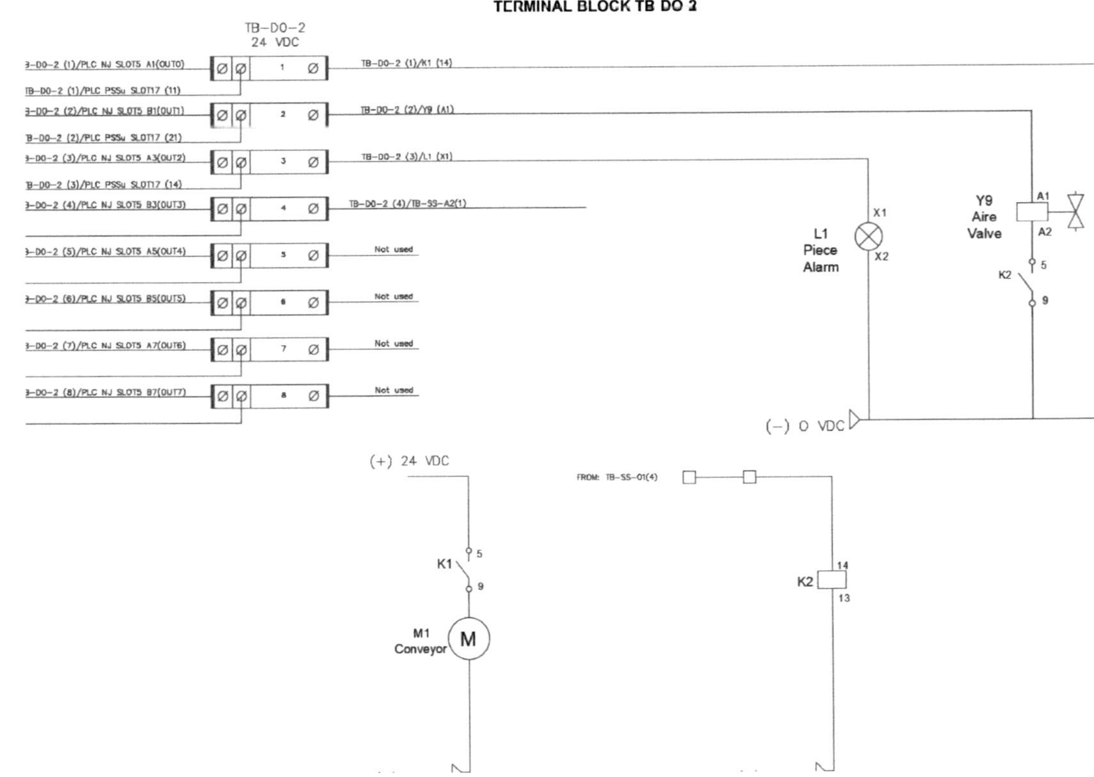

TERMINAL BLOCK TB DO 2
TB-DO-2
24 VDC
3-DO-2 (1)/PLC NJ SLOT5 A1(OUT0)
TB-DO-2 (1)/PLC PSSu SLOT17 (11)
1
TB-DO-2 (1)/K1 (14)
3-DO-2 (2)/PLC NJ SLOT5 B1(OUT1)
TB-DO-2 (2)/PLC PSSu SLOT17 (21)
2
TB-DO-2 (2)/Y9 (A1)
3-DO-2 (3)/PLC NJ SLOT5 A3(OUT2)
TB-DO-2 (3)/PLC PSSu SLOT17 (14)
3
TB-DO-2 (3)/L1 (X1)
3-DO-2 (4)/PLC NJ SLOT5 B3(OUT3)
4
TB-DO-2 (4)/TB-SS-A2(1)
3-DO-2 (5)/PLC NJ SLOT5 A5(OUT4)
5
Not used
3-DO-2 (6)/PLC NJ SLOT5 B5(OUT5)
6
Not used
3-DO-2 (7)/PLC NJ SLOT5 A7(OUT6)
7
Not used
3-DO-2 (8)/PLC NJ SLOT5 B7(OUT7)
8
Not used
L1
Piece
Alarm
X1
X2
Y9
Aire
Valve
A1
A2
K2
5
9
(−) 0 VDC
(+) 24 VDC
K1
5
9
M1
Conveyor
M
FROM: TB-SS-01(4)
K2
14
13

PLC PSSu FS SN SD

SAFETY
DIGITAL INPUTS

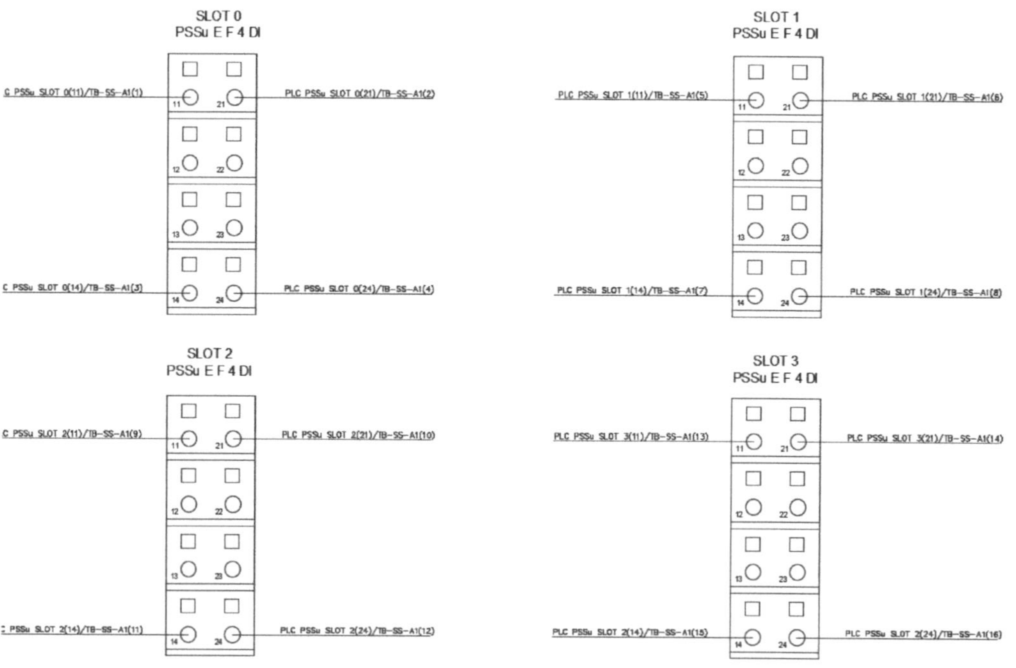

PLC PSSu FS SN SD

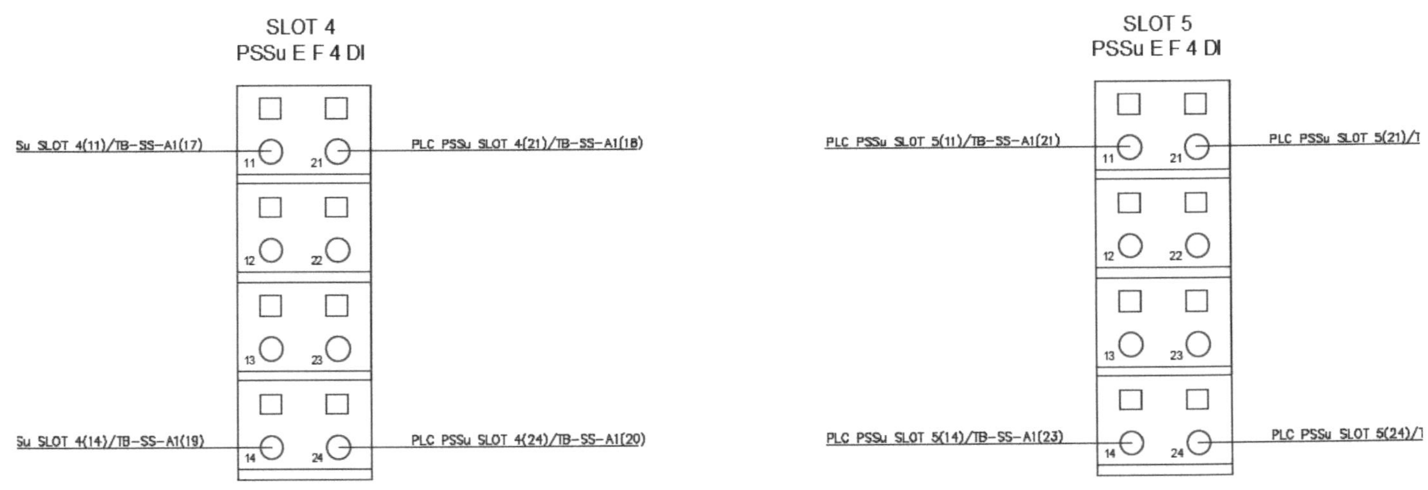

SAFETY
DIGITAL OUTPUTS

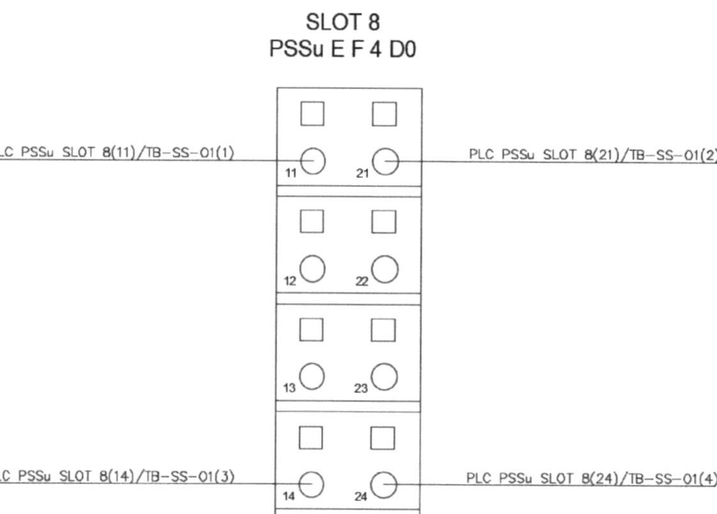

PLC PSSu FS SN SD

STANDART
DIGITAL INPUTS

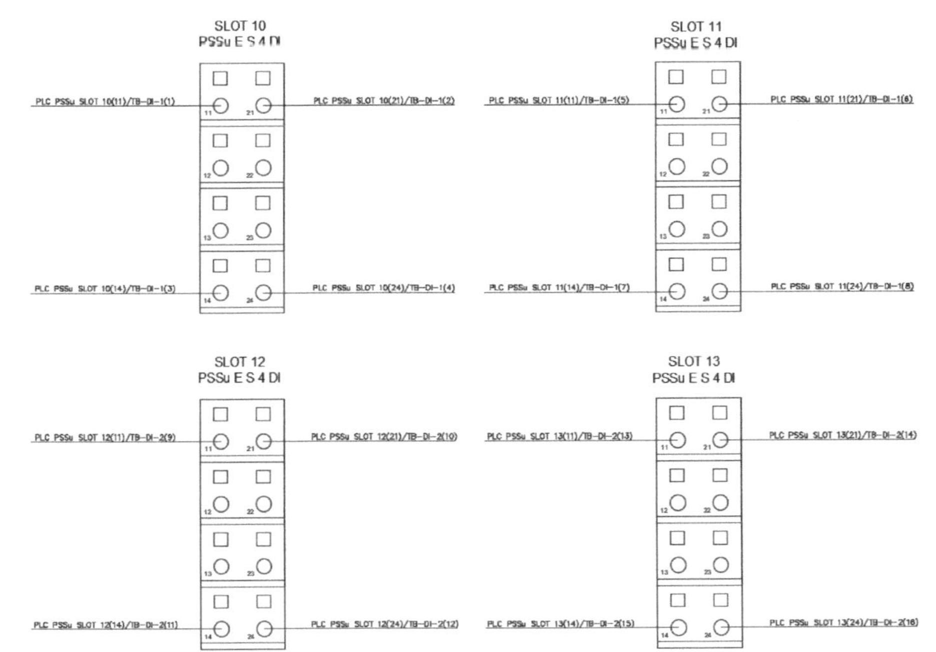

PLC PSSu FS SN SD

STANDART
DIGITAL OUTPUTS

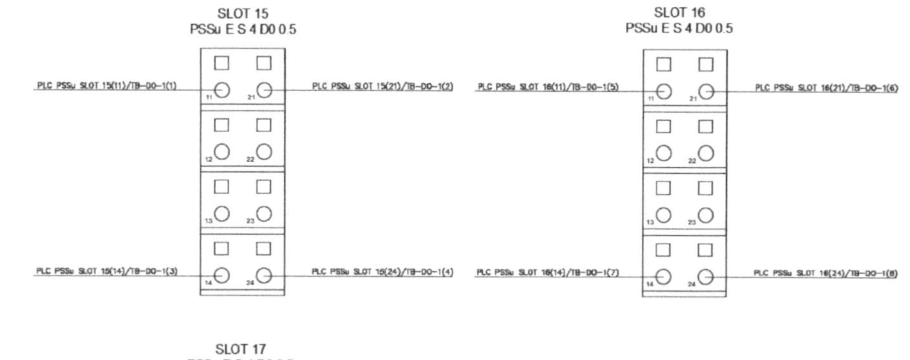

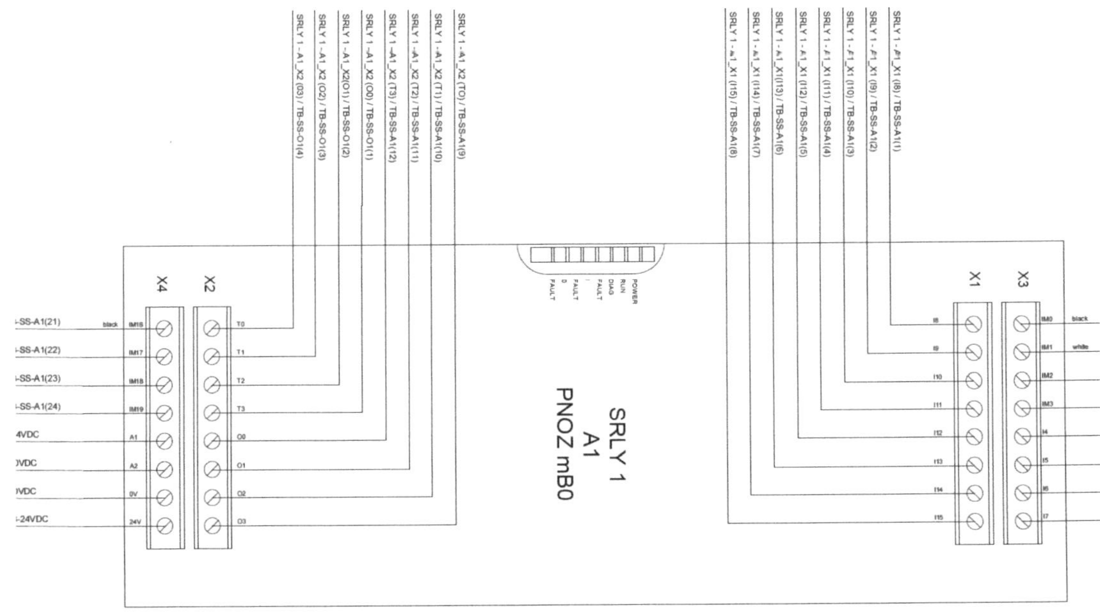

SAFETY RELAY
PNOZ mB0
SRLY 1
A1
PNOZ mB0
POWER
RUN
DIAG
FAULT I
FAULT 0
FAULT
X4
X2
X1
X3
SRLY 1 -A1_X2 (O3) / TB-SS-OI(4)
SRLY 1 -A1_X2 (O2) / TB-SS-OI(3)
SRLY 1 -A1_X2(O1) / TB-SS-OI(2)
SRLY 1 -A1_X2(O0) / TB-SS-OI(1)
SRLY 1 -A1_X2 (T3) / TB-SS-A1(12)
SRLY 1 -A1_X2 (T2) / TB-SS-A1(11)
SRLY 1 -A1_X2 (T1) / TB-SS-A1(10)
SRLY 1 -A1_X2 (T0) / TB-SS-A1(9)
SRLY 1 -A1_X1 (I15) / TB-SS-A1(8)
SRLY 1 -A1_X1 (I14) / TB-SS-A1(7)
SRLY 1 -A1_X1 (I13) / TB-SS-A1(6)
SRLY 1 -A1_X1 (I12) / TB-SS-A1(5)
SRLY 1 -A1_X1 (I11) / TB-SS-A1(4)
SRLY 1 -A1_X1 (I10) / TB-SS-A1(3)
SRLY 1 -A1_X1 (I9) / TB-SS-A1(2)
SRLY 1 -A1_X1 (I8) / TB-SS-A1(1)
-SS-A1(21) black IM16
-SS-A1(22) IM17
-SS-A1(23) IM18
-SS-A1(24) IM19
4VDC A1
0VDC A2
0VDC 0V
-24VDC 24V
T0
T1
T2
T3
O0
O1
O2
O3
I8
I9
I10
I11
I12
I13
I14
I15
IM0 black
IM1 white
IM2
IM3
I4
I5
I6
I7

SAFETY RELAY

MODULE EF8DI4DO

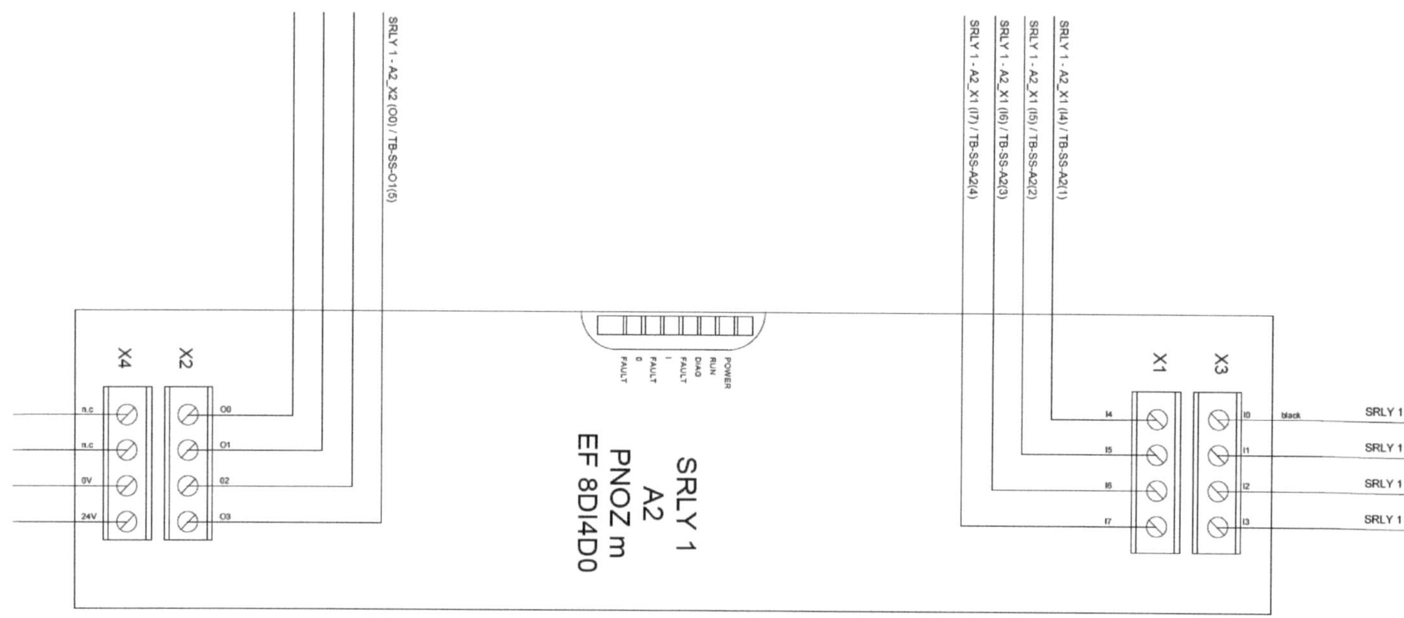

DIGITAL INPUT

TERMINAL BLOCK TB-SS-A1

TB—SS—A1
24 VDC

TB-SS-A1 (1)/SRLY 1 - A1_X1(I8)
TB-SS-A1 (1)/PLC PSSu SLOT 0 (11)
1
TB-SS-A1(1)/SML2(3)

TB-SS-A1(2)/SRLY 1 - A1_X1 (I9)
TB-SS-A1 (2)/PLC PSSu SLOT 0 (21)
2
TB-SS-A1(2)/SML2(4)

TB-SS-A1(3)/SRLY 1 - A1_X1 (I10)
TB-SS-A1 (3)/PLC PSSu SLOT 0 (14)
3
TB-SS-A1(3)/SML2(5)

TB-SS-A1(4)/SRLY 1 - A1_X1 (I11)
TB-SS-A1 (4)/PLC PSSu SLOT 0 (24)
4
TB-SS-A1(4)/SPD1 - HL(3)

TB-SS-A1(5)/SRLY 1 - A1_X1 (I12)
TB-SS-A1 (5)/PLC PSSu SLOT 1 (11)
5
TB-SS-A1(5)/SPD1 - HL(4)

TB-SS-A1(6)/SRLY 1 - A1_X1(I13)
TB-SS-A1 (6)/PLC PSSu SLOT 1 (21)
6
TB-SS-A1(5)/SPD1 - HL(5)

TB-SS-A1(7)/SRLY 1 - A1_X1 (I14)
TB-SS-A1 (7)/PLC PSSu SLOT 1 (14)
7
TB-SS-A1(5)/SPD2 - LL(3)

TB-SS-A1(8)/SRLY 1 - A1_X1 (I15)
TB-SS-A1 (8)/PLC PSSu SLOT 1 (24)
8
TB-SS-A1(5)/SPD2 - LL(4)

TB-SS-A1(9)/SRLY 1 - A1_X2 (T0)
TB-SS-A1 (9)/PLC PSSu SLOT 2 (11)
9
TEST PULSE

TB-SS-A1(10)/SRLY 1 - A1_X2 (T1)
TB-SS-A1 (10)/PLC PSSu SLOT 2 (21)
10
TEST PULSE

TB-SS-A(11)/SRLY 1 - A1_X2 (T2)
TB-SS-A1 (11)/PLC PSSu SLOT 2 (14)
11
TEST PULSE

DIGITAL INPUT

TERMINAL BLOCK TB-SS-A2

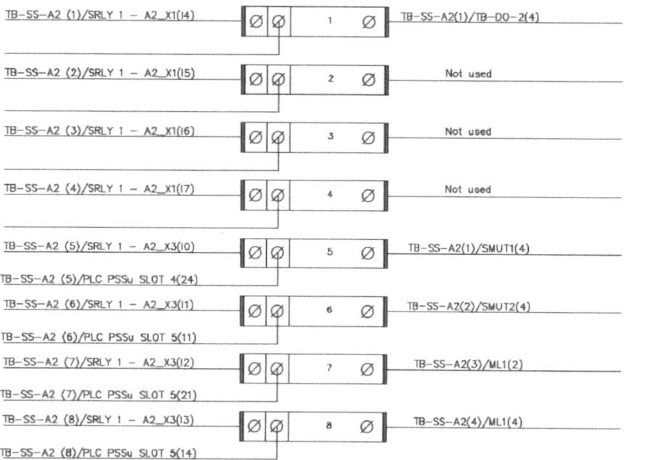

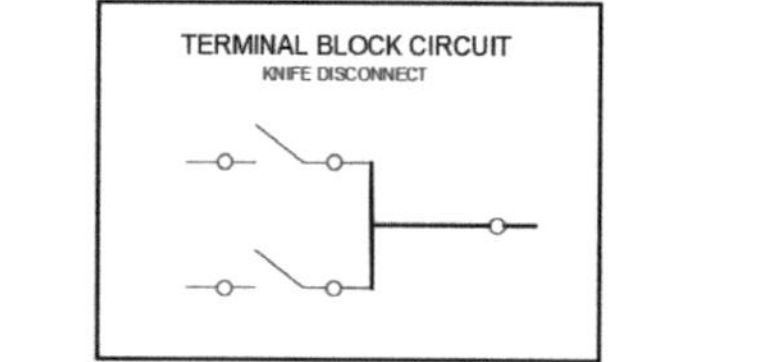

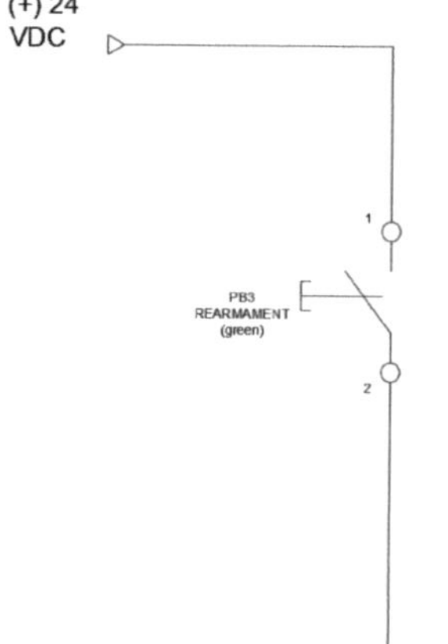

SAFETY SENSOR CONNECTIONS

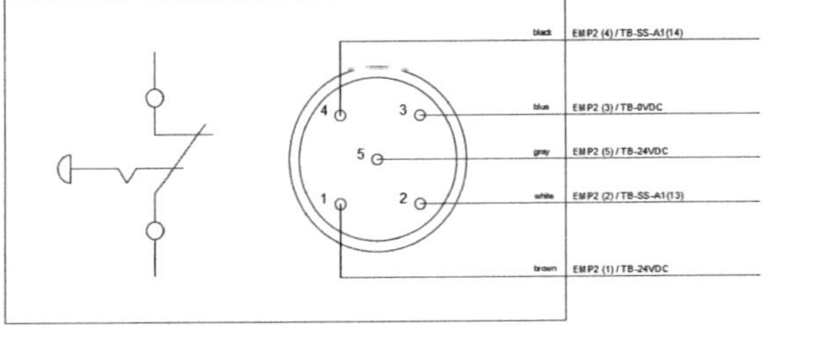

EMP2
SAFETY
EMERGENCY
PUSH BUTTON
4
3
5
1
2
black   EMP2 (4) / TB-SS-A1(14)
blue   EMP2 (3) / TB-0VDC
gray   EMP2 (5) / TB-24VDC
white   EMP2 (2) / TB-SS-A1(13)
brown   EMP2 (1) / TB-24VDC

ML1
SAFETY MUTING LIGHT
5
4
6
3
1
2
gray
black   ML1(4) / TB-SS-A2(8)
blue   ML1(3) / TB-0VDC
white   ML1(2) / TB-SS-A2(7)
brown   ML1(1) / TB-SS-01(1)
pink

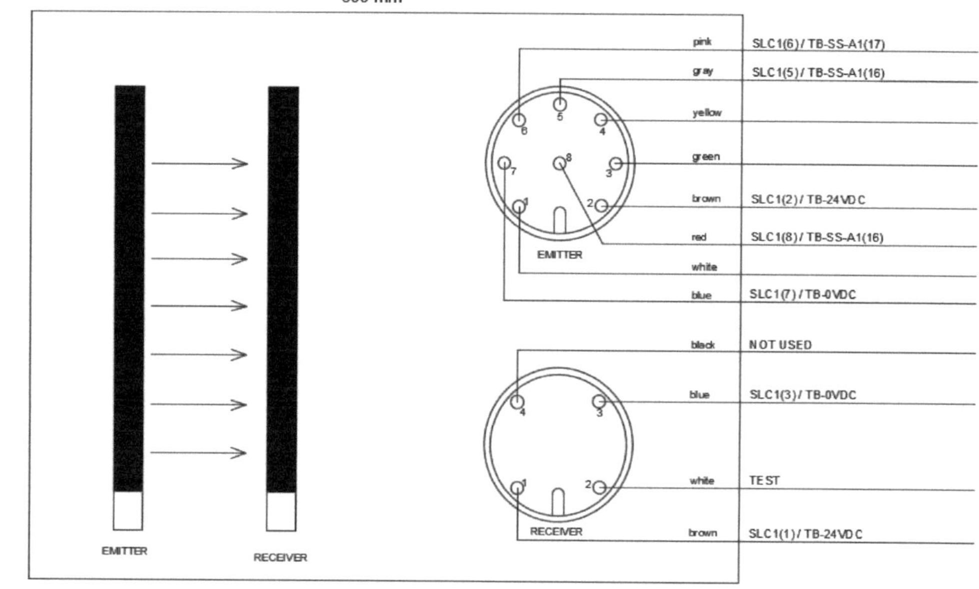

SLC1
SAFETY LIGHT CURTAINS
600 mm
EMITTER
RECEIVER
EMITTER
RECEIVER
pink   SLC1(6) / TB-SS-A1(17)
gray   SLC1(5) / TB-SS-A1(16)
yellow
green
brown   SLC1(2) / TB-24VDC
red   SLC1(8) / TB-SS-A1(16)
white
blue   SLC1(7) / TB-0VDC
black   NOT USED
blue   SLC1(3) / TB-0VDC
white   TEST
brown   SLC1(1) / TB-24VDC

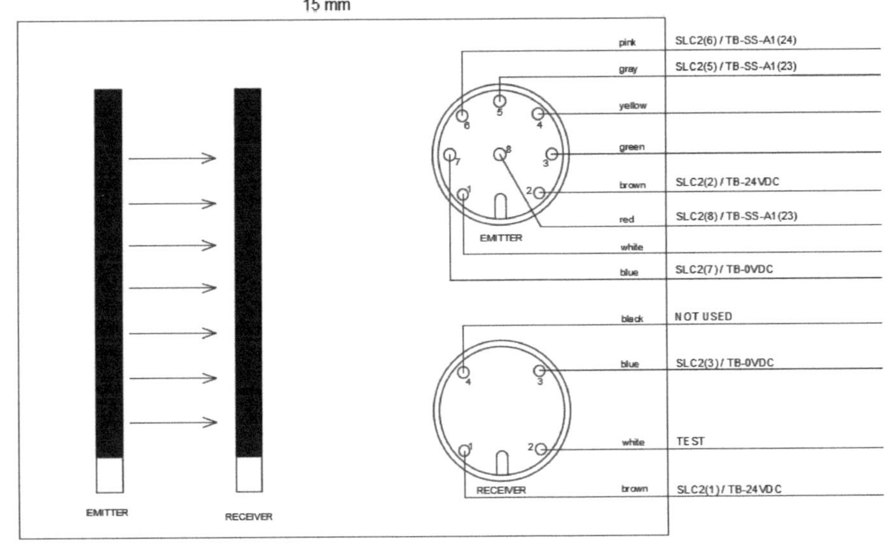

SLC2
SAFETY LIGHT CURTAINS
15 mm
EMITTER
RECEIVER
EMITTER
pink   SLC2(6) / TB-SS-A1 (24)
gray   SLC2(5) / TB-SS-A1 (23)
yellow
green
brown   SLC2(2) / TB-24VDC
red   SLC2(8) / TB-SS-A1 (23)
white
blue   SLC2(7) / TB-0VDC
RECEIVER
black   NOT USED
blue   SLC2(3) / TB-0VDC
white   TEST
brown   SLC2(1) / TB-24VDC

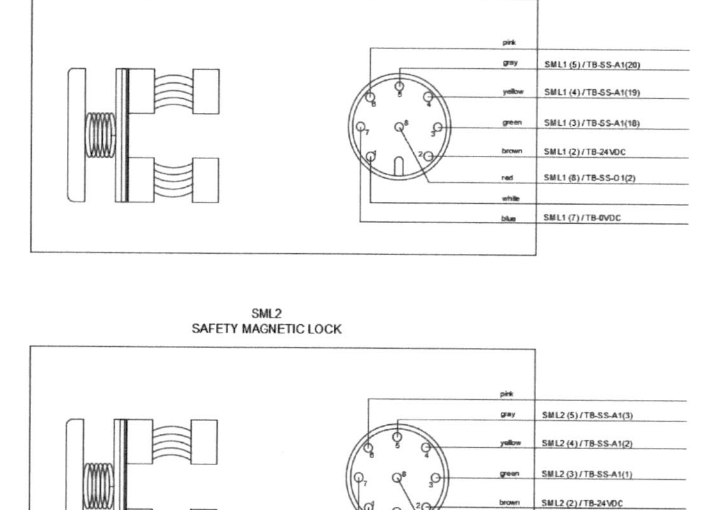

SML1
SAFETY MAGNETIC LOCK
pink
gray   SML1 (5) / TB-SS-A1(20)
yellow SML1 (4) / TB-SS-A1(19)
green   SML1 (3) / TB-SS-A1(18)
brown   SML1 (2) / TB-24VDC
red   SML1 (8) / TB-SS-O1(2)
white
blue   SML1 (7) / TB-0VDC
SML2
SAFETY MAGNETIC LOCK
pink
gray   SML2 (5) / TB-SS-A1(3)
yellow SML2 (4) / TB-SS-A1(2)
green   SML2 (3) / TB-SS-A1(1)
brown   SML2 (2) / TB-24VDC
red   SML2 (8) / TB-SS-O1(3)
white
blue   SML2 (7) / TB-0VDC

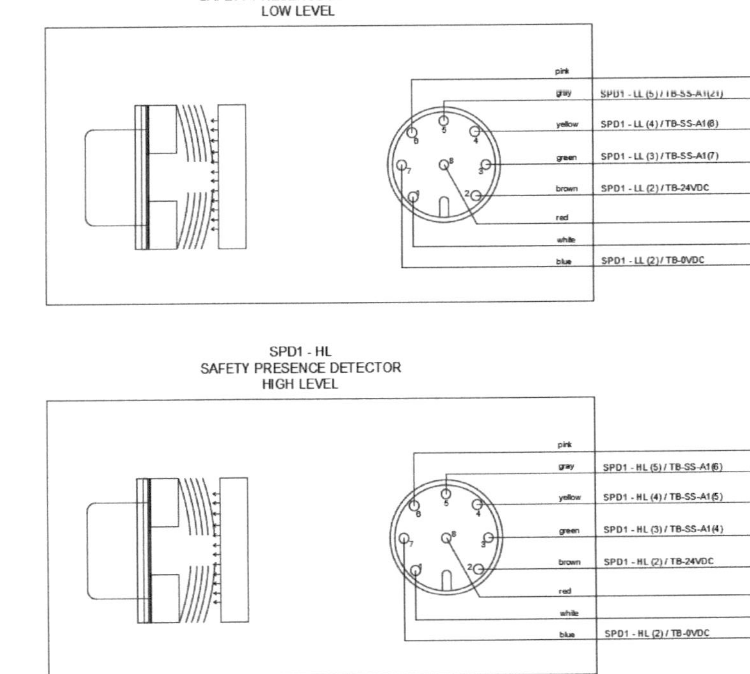

SPD2 - LL
SAFETY PRESENCE DETECTOR
LOW LEVEL
pink
gray
yellow
green
brown
red
white
blue
SPD1 - LL (5) / TB-SS-A1(21)
SPD1 - LL (4) / TB-SS-A1(8)
SPD1 - LL (3) / TB-SS-A1(7)
SPD1 - LL (2) / TB-24VDC
SPD1 - LL (2) / TB-0VDC
SPD1 - HL
SAFETY PRESENCE DETECTOR
HIGH LEVEL
pink
gray
yellow
green
brown
red
white
blue
SPD1 - HL (5) / TB-SS-A1(6)
SPD1 - HL (4) / TB-SS-A1(5)
SPD1 - HL (3) / TB-SS-A1(4)
SPD1 - HL (2) / TB-24VDC
SPD1 - HL (2) / TB-0VDC

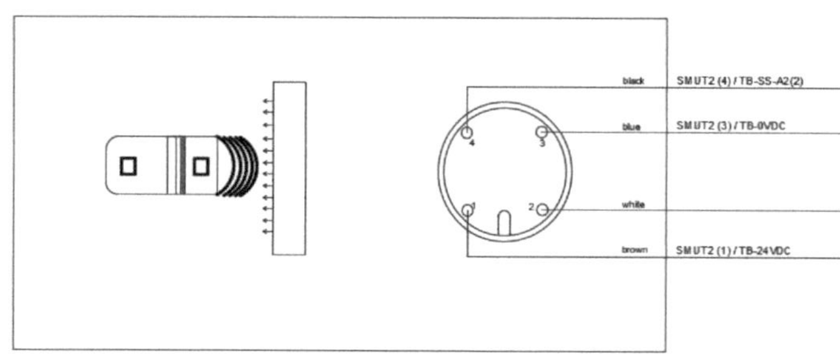

SMUT1
SAFETY MUTING SENSOR 1
black
SMUT1 (4) / TB-SS-A2(1)
blue
SMUT1 (3) / TB-0VDC
white
brown
SMUT1 (1) / TB-24VDC
4
3
2

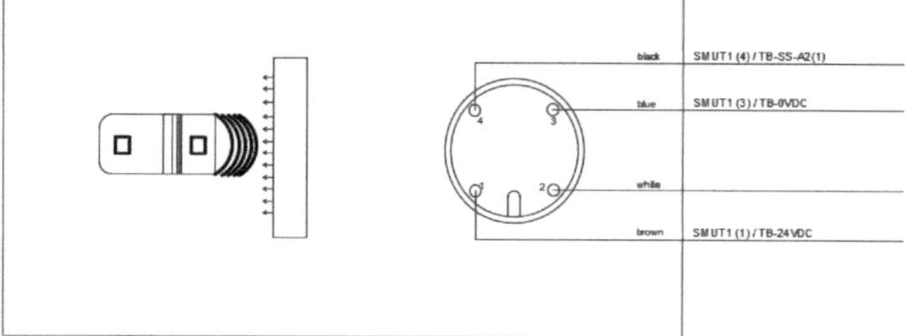

SMUT1
SAFETY MUTING SENSOR 1
black
SMUT2 (4) / TB-SS-A2(2)
blue
SMUT2 (3) / TB-0VDC
white
brown
SMUT2 (1) / TB-24VDC
4
3
2

Printed by Books on Demand GmbH, Norderstedt / Germany